基于生物地球化学示踪技术的茎柔鱼摄食生态学研究

陈新军 贡 艺 李云凯 著

科学出版社

北 京

内 容 简 介

茎柔鱼是我国远洋鱿钓的重点捕捞对象。了解和掌握茎柔鱼的群体结构、群体间营养生态位分化及其对气候变化的响应机制，有助于认识茎柔鱼在海洋生态系统中的地位及差异化生存策略，为其资源可持续开发和科学管理提供理论支持。本书共5章。第1章为绪论，概述茎柔鱼资源分布、生物学特性和开发状况。第2章为基于摄食信息的茎柔鱼地理溯源。第3章为茎柔鱼营养生态位的性别特异性。第4章为茎柔鱼地理群体营养地位差异。第5章为厄尔尼诺事件对茎柔鱼营养模式的影响。

本书可供海洋生物、水产和渔业研究等专业的科研人员、高等院校师生及从事相关专业生产、管理的工作人员使用和阅读。

审图号：GS 川（2022）181 号

图书在版编目(CIP)数据

基于生物地球化学示踪技术的茎柔鱼摄食生态学研究 / 陈新军，贡艺，李云凯著. —北京：科学出版社，2023.3
ISBN 978-7-03-075047-1

Ⅰ.①基… Ⅱ.①陈… ②贡… ③李… Ⅲ.①柔鱼-海洋渔业-深海生态学-研究 Ⅳ.①Q178.533

中国国家版本馆 CIP 数据核字（2023）第 038154 号

责任编辑：韩卫军 / 责任校对：彭 映
责任印制：罗 科 / 封面设计：墨创文化

科学出版社 出版
北京东黄城根北街16号
邮政编码：100717
http://www.sciencep.com

四川煤田地质制图印务有限责任公司 印刷
科学出版社发行 各地新华书店经销

*

2023 年 3 月第 一 版　　开本：787×1092 1/16
2023 年 3 月第一次印刷　　印张：4 3/4
字数：120 000

定价：88.00 元
（如有印装质量问题，我社负责调换）

前　言

茎柔鱼(*Dosidicus gigas*)为大洋性经济头足类，广泛分布在东太平洋，其资源丰富，是我国远洋鱿钓渔业的重点捕捞对象之一。茎柔鱼在东太平洋生态系统中占有重要地位，是凶猛的捕食者，也是大型鱼类和哺乳动物等的捕食对象。近年来茎柔鱼产量维持着上升趋势，但其资源量年间波动剧烈，受气候和环境变化影响明显。尽管多国学者已开展茎柔鱼年龄结构、遗传进化和繁殖发育等基础性研究，对其基础生物学信息已有一定认识，然而对其摄食生态的研究仍处于胃含物分析等初级阶段，更缺乏不同海域茎柔鱼摄食洄游规律及资源对气候变化响应机制的深入研究。因此了解和掌握茎柔鱼的群体结构、个体(群体)间营养生态位分化及其对气候变化的响应机制，有助于认识茎柔鱼在东太平洋生态系统中的地位及差异化生存策略，为其资源可持续开发和科学管理提供理论支持。

本书根据2009年和2013~2015年在东太平洋不同海域采集的茎柔鱼样品，根据其软、硬组织(肌肉、耳石和内壳)各自的特点，利用脂肪酸组成分析、"整体"(bulk)稳定同位素分析和氨基酸特定化合物氮稳定同位素分析，结合年龄鉴定技术和几何形态学方法，获取茎柔鱼肌肉和内壳所记录的摄食生态学信息。以茎柔鱼生活史过程中的食性转换为切入点，探究其同一地理群体内营养生态位的性别特异性，不同群体营养地位和生存策略的连续性和多样性，以及其营养模式受环境变化影响，从而较为系统地阐释茎柔鱼个体(群体)的生态功能，建立一套系统科学大洋性头足类的摄食生态学的研究理论和方法。

本书共分5章。第1章为绪论，主要介绍茎柔鱼资源分布、生物学特性和开发状况。并在总结头足类摄食生态学研究方法的基础上，着重分析应用生物地球化学示踪物在该领域的应用现状、发展前景和存在的问题。第2章为基于摄食信息的茎柔鱼地理溯源。通过分析和比较中东太平洋赤道海域、秘鲁和智利外海的茎柔鱼肌肉脂肪酸组成和碳、氮稳定同位素比值($\delta^{13}C$和$\delta^{15}N$)的潜在差异，获得可用于茎柔鱼地理溯源的生物地球化学示踪物，探讨造成空间差异的主要因素。第3章为茎柔鱼营养生态位的性别特异性。通过分析秘鲁海域茎柔鱼内壳整体和氨基酸$\delta^{15}N$，结合主要摄食器官的形态学分析数据和胴体与性腺状态指数，分析茎柔鱼雌、雄个体在生活史早期发育过程中摄食器官形态差异和食性变化模式，推测性别分化的潜在机制。第4章为茎柔鱼地理群体营养地位差异。分析和对比中东太平洋赤道海域、秘鲁和智利外海的茎柔鱼内壳整体稳定同位素测定结果，利用各群体茎柔鱼肌肉氨基酸$\delta^{15}N$推算营养级，对比不同地理群体的营养地位，分析各群体的资源利用方式的潜在差异。第5章是厄尔尼诺事件对茎柔鱼营养模式的影响，比较分析异常环境条件下(厄尔尼诺，El Niño)茎柔鱼营养模式变化，并验证基于时间的连续取样方法可用于分析茎柔鱼生活史过程中受特殊气候事件的影响。

本书是基于多种生物地球化学示踪物技术在茎柔鱼摄食生态学研究中的具体应用。本书的出版将进一步加强对大洋性头足类摄食生态学的认识，有助于其他短生命周期生物研究理论和方法的发展。由于时间仓促，且本书覆盖内容广，国内缺乏同类的参考资料，不足之处望读者批评和指正。

本书得到国家双一流学科（水产学）、国家远洋渔业工程技术研究中心、大洋渔业可持续开发教育部重点实验室、农业部大洋性鱿鱼资源开发创新团队等专项，以及国家重点研发计划（2019YFD0901404）和国家自然科学基金项目（编号 NSFC41876141）资助。

目 录

第1章 绪论 1
  1.1 茎柔鱼资源与渔业概况 1
    1.1.1 茎柔鱼分布范围 1
    1.1.2 生物学特性 2
    1.1.3 渔业概况 3
  1.2 头足类摄食生态学研究方法 4
    1.2.1 胃含物分析 4
    1.2.2 稳定同位素技术 5
    1.2.3 特定化合物稳定同位素技术 6
    1.2.4 特征脂肪酸组成分析 7
  1.3 生物地球化学示踪技术在头足类摄食生态学中的应用 8
    1.3.1 摄食 8
    1.3.2 洄游 10
  1.4 小结 10

第2章 基于摄食信息的茎柔鱼地理溯源 11
  2.1 脂肪酸组成 13
    2.1.1 肌肉脂肪含量和脂肪酸组成 13
    2.1.2 肌肉脂肪酸组成的空间差异 14
  2.2 稳定同位素比值 16
  2.3 判别因子 17
  2.4 小结 18

第3章 茎柔鱼营养生态位的性别特异性 19
  3.1 雌、雄个体摄食器官形态差异 20
  3.2 稳定同位素比值和营养生态位分化 23
  3.3 氨基酸氮稳定同位素比值 28
  3.4 性腺发育过程中的能量分配 28
  3.5 小结 30

第4章 茎柔鱼地理群体营养地位差异 31
  4.1 内壳形态 32
  4.2 稳定同位素时间序列 34
  4.3 营养级分析 38
  4.4 营养生态位分析 42

  4.5 小结 ……………………………………………………………………… 43
第 5 章 厄尔尼诺事件对茎柔鱼营养模式的影响 …………………………… 44
  5.1 稳定同位素时间序列 …………………………………………………… 46
  5.2 营养生态位 ……………………………………………………………… 53
  5.3 小结 ……………………………………………………………………… 54
参考文献 ………………………………………………………………………… 55
附录 ……………………………………………………………………………… 64
  附录 1　利用 maps、spdep 和 prettymapr 工具包绘制站点图 …………… 64
  附录 2　利用 siar 和 spatstat.utils 工具包绘制营养生态位图并计算重叠面积 ……… 66

第1章 绪 论

茎柔鱼(*Dosidicus gigas*)是重要的大洋经济性头足类,广泛分布在东太平洋海域,其资源丰富,资源量在 300×10⁴t 以上(Rosas-Luis et al.,2008)。茎柔鱼既是目前人类开发的重要海洋生物资源,年最高产量超过 100×10⁴t,又是鲨鱼、金枪鱼和哺乳动物的重要饵料,在海洋生态系统中扮演着极为重要的角色。受全球气候变化和海洋环境变动的影响,茎柔鱼资源量年间波动剧烈,且资源分布空间呈南北向拓展趋势(Ruiz-Cooley et al.,2013)。尽管多国学者已对秘鲁、智利、哥斯达黎加和加利福尼亚湾等海域茎柔鱼的年龄结构、遗传进化、繁殖发育和摄食生态等开展研究(陈新军等,2012a,2012b),但对茎柔鱼群体结构划分、摄食洄游规律等的认识仍不明确,缺少茎柔鱼气候变化响应机制及栖息地分布拓展机制等方面的深入研究,从而在一定程度上制约了茎柔鱼资源可持续开发和科学管理。《联合国海洋法公约》生效以来,太平洋、大西洋和印度洋三大洋区域性渔业管理组织相继成立,对国际公海生物资源的管理日趋严格。2009 年秘鲁、智利和中国等国家倡导成立了南太平洋区域性渔业组织,茎柔鱼被纳入管理范围。这迫切需要我国全面掌握茎柔鱼生活史过程,进而阐明其种群数量动态机制,增强对茎柔鱼资源的掌控能力,提升我国在国际区域性渔业组织中的话语权。

因此,解决茎柔鱼对食物的选择机制是否存在时空异质性、同一群体内茎柔鱼个体间是否存在营养生态位分化、不同地理群体在其所处生态系统中是否具有不同的营养地位、环境变化如何对茎柔鱼摄食策略和营养地位产生影响等问题,将能从个体及群体水平揭示东太平洋茎柔鱼在生态系统中的营养地位、差异化生存策略及摄食规律对环境变化的响应机制,进而选择合适的渔业管理方式,加强对茎柔鱼资源的认知。

1.1 茎柔鱼资源与渔业概况

1.1.1 茎柔鱼分布范围

茎柔鱼的分布范围北至加利福尼亚(30°N),往南一直延伸到智利海域(40°S),并且在赤道海域其分布范围会向西延伸至 125°~140°W(Ibáñez and Cubillos,2007)。但在1997~1998 年的强厄尔尼诺(El Niño)事件发生后,其分布范围的南北边界均发生了扩张,向北已延伸至阿拉斯加海域(50°N),向南延伸至智利南部海域(46°S)(Keyl et al.,2008)(图 1-1)。

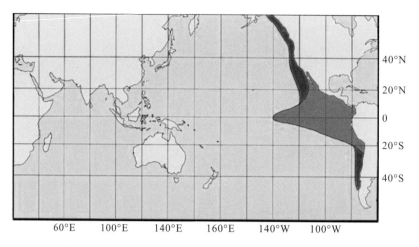

图 1-1 茎柔鱼地理分布示意图(王尧耕和陈新军,2005)

作为一种大洋性头足类,茎柔鱼具有明显的垂直洄游习性。茎柔鱼白天栖息在较深的水层,有记录表明其所处水深可以达到 1200m,而在夜晚会洄游至水温较高的表层(Nigmatullin et al., 2001)。随着电子标记技术在茎柔鱼洄游习性中的应用和室内生理学实验的开展,学者对其水平分布范围扩张机理和垂直洄游行为有了进一步的了解。与鱼类不同,茎柔鱼在白天主要栖息在低溶解氧的环境中,即氧最小层(oxygen minimum layer, OML)中或在该水层上表层附近(Gilly et al., 2006)。这种特殊行为的形成是由于茎柔鱼的游泳方式(以喷水推进为主)与有鳍鱼类相比是低耗能的,并且其可通过胴体外套皮肤吸收氧气,以满足需氧量。这种垂直分布还可以帮助茎柔鱼躲避捕食者,如鲨鱼和金枪鱼等,这些捕食者只能栖息在较高溶解氧浓度的水层(Rosa and Seibel, 2010)。据此,有学者认为茎柔鱼水平分布范围的扩张与 OML 范围的扩大和深度降低有关(Zeidberg and Robison, 2007)。

1.1.2 生物学特性

茎柔鱼具有复杂的种群结构,一方面归因于其广阔的分布范围,另一方面因其资源量、个体生长和繁殖等易受环境变化的影响。过去,有学者以初次性成熟的胴长组成将茎柔鱼划分为 3 个群体:小型组(雌:140~340mm,雄:130~260mm),分布在近赤道海域;中型组(雌:280~600mm,雄:240~420mm),分布在整个物种地理分布范围;大型组(雌:600~1200mm,雄:>450mm),分布在南北边界附近海域。叶旭昌和陈新军(2007)根据上述标准将秘鲁外海茎柔鱼分为大、中、小 3 个群体。但是有研究发现,茎柔鱼成熟个体的胴长组成存在较大的波动(Keyl et al., 2010)。例如,在墨西哥海域捕获的茎柔鱼个体,其初次性成熟的胴长为 310~770mm(Markaida, 2006)。并且,基于微卫星的分子生物学技术也未发现这 3 个群体存在显著差异(Sanchez et al., 2016)。还有学者通过基因结构和耳石中的微量元素将分布在南北半球的茎柔鱼分为两个群体(Sandoval-Castellanos et al., 2007)。此外,形态学测量法作为鉴别群体的传统方法,也被广泛应用于茎柔鱼种群结构研究中(Rosas-Luis et al., 2008)。Liu 等(2015a)发现利用茎柔鱼角质颚的形态学特征可以区分其地理群体。Gong 等(2018)基于茎柔鱼内壳形态分析了中东太平洋赤道海域与秘鲁和哥斯达黎加外海茎柔鱼的空间异质性。

茎柔鱼寿命通常为 1~1.5 年,大型个体的生命周期在 2 年以上,最大胴长约为 1.2m(徐冰,2012)。茎柔鱼的繁殖海域分布于 25°N~25°S,主要在离岸 50~150n mile 的海域,但在 10°N~20°S 会延伸至离岸 200~450n mile 的海域。茎柔鱼产卵场分布于大陆坡边缘及其毗邻海域,索饵场离岸较远。茎柔鱼属于多次产卵类型,是繁殖力最强的大洋性头足类之一,雌性最大怀卵量可达 $320×10^4$ 枚(Nigmatullin et al., 2001)。虽然不同海域茎柔鱼的雌、雄个体性别比例存在显著差异,但都以雌性个体为主(Ibáñez and Cubillos, 2007)。Tafur 等(2010)根据 1998~2008 年的渔获物统计发现,智利海域和秘鲁海域的茎柔鱼雌雄比为 2.5∶1,这与东太平洋赤道海域的研究结果接近(2.59∶1),但低于哥斯达黎加外海(3.76∶1)(陈新军等,2012a; Chen et al., 2013)。初次性成熟胴长是表示茎柔鱼性成熟的重要指标。刘必林等(2010)分析发现智利外海茎柔鱼雌、雄个体的初次性成熟胴长分别为 638.3mm 和 565.3mm。陈新军等(2012a)分析发现,东太平洋赤道海域茎柔鱼雌性初次性成熟胴长为 397.2mm,与秘鲁外海茎柔鱼的 374mm 接近,而加利福尼亚湾大型群的雌性初次性成熟胴长为 730mm,中型群为 370mm(Markaida and Sosa-Nishizaki, 2001)。

茎柔鱼在东太平洋海洋生态系统中扮演着极为重要的角色,其可摄食中上、下层鱼类及甲壳类等,也是大型鱼类(鲨鱼和金枪鱼)和哺乳动物(鲸)的重要饵料,同时存在种间和种内的自相残食现象(Ibáñez and Keyl, 2009)。栖息于不同海域的茎柔鱼食物组成存在差异。Alegre 等(2014)对秘鲁海域茎柔鱼的胃含物研究后发现,其主要摄食其他头足类和灯笼鱼类(*Vinciguerria lucetia*),而智利外海采集的茎柔鱼胃含物中鱼类的比例超过 80%,头足类极少(Pardo-Gandarillas et al., 2014)。不同个体大小的茎柔鱼食性也会存在差异,如加利福尼亚湾的大个体茎柔鱼主要摄食灯笼鱼,其次是中层头足类、甲壳类等,而中型个体主要摄食磷虾(Ruiz-Cooley et al., 2006)。

1.1.3 渔业概况

茎柔鱼资源丰富,其作业海区包括加利福尼亚湾、哥斯达黎加外海,以及秘鲁与智利的沿岸和外海。除了这些传统的渔场,自 2012 年开始,中东太平洋赤道海域被开发为新的茎柔鱼渔场。联合国粮食及农业组织(Food and Agriculture Organization of the United Nations,FAO)的统计资料表明,茎柔鱼产量从 1992 年的 $12.0×10^4$t 增加到 2015 年的 $100.4×10^4$t(图 1-2)。我国茎柔鱼捕捞产量从 2001 年的 $1.8×10^4$t 增加到 2015 年的 $32.4×10^4$t,2014 年我国茎柔鱼产量超过全世界总产量的 1/4。目前我国鱿钓船主要在东太平洋赤道海域、秘鲁外海和智利外海生产,此外在哥斯达黎加的公海海域进行了资源生产性探捕(叶旭昌,2002;陈新军等,2012a)。

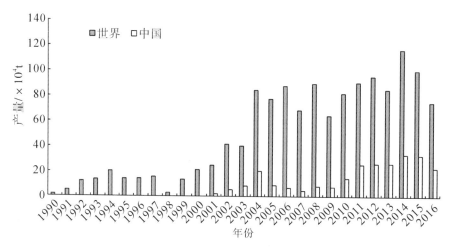

图 1-2　1990~2016 年世界和中国茎柔鱼捕捞产量分布图

1.2　头足类摄食生态学研究方法

头足类广泛分布在世界三大洋及南极海域,具有极高的经济价值,并在海洋生态系统中具有重要地位。自 20 世纪 70 年代以来,底层鱼类资源的过度捕捞及衰退引起了世界海洋捕捞结构和产量的巨大变化,头足类和其他短生命周期鱼类在渔获物组成中的比例逐年增大(陈新军等,2009)。我国是捕捞头足类的主要国家之一,其中,大洋性头足类的产量增长最快,并已成为我国远洋渔业的重要组成部分。尽管国内学者已开展大洋性头足类的种群结构、年龄与生长等基础生物学研究,但对其摄食习性和洄游路径的认知甚少。因此,本节在比较分析国内外头足类摄食生态学研究方法的基础上,系统归纳总结该领域的研究现状并介绍最新进展情况,并在 1.2.3 节着重分析生物化学示踪物在头足类生活史信息,尤其是摄食生态学研究中的应用现状及发展前景。

1.2.1　胃含物分析

胃含物分析是一种传统物理性食物网科学的研究方法,即通过测定动物胃肠中的食物组成,了解动物近期的摄食情况。使用该方法对头足类胃肠中的饵料生物软、硬组织残留物进行物种鉴定、计数和称量,就可以分析头足类的食性(窦硕增,1992)。国内外的头足类研究者应用胃含物分析做了大量的研究工作。黄美珍(2005)对台湾海峡及邻近海域 4 种头足类(中国枪乌贼,*Loligo chinensis*；杜氏枪乌贼,*Loligo duvaucelii*；拟目乌贼,*Sepia lycidas*；短蛸,*Octopus ocellatus*)的食性分析发现,其均为混合食性,对饵料生物无明显的选择性。张宇美(2014)对鸢乌贼(*Sthenoteuthis oualaniensis*)胃中残留的耳石、鳞片、角质颚等组织分析发现,其食物来源包括灯笼鱼科、鲹科、菱鳍乌贼和钩腕乌贼等。Alegre 等(2014)对秘鲁海域茎柔鱼胃含物研究后发现,其主要摄食其他头足类和灯笼鱼类(*Vinciguerria lucetia*),而智利外海采集的茎柔鱼胃含物中鱼类的比例超过 80%,头足类极少(Pardo-Gandarillas et al.，2014)。Ruiz-Cooley 等(2006)对加利福尼亚湾茎柔鱼胃含物分析发现，大小不同的茎柔鱼食性存在明显差异，大型个体的主要食物是巴拿马底灯鱼(*Benthosema panamense*)，其次是中层头足类、甲壳类等，而中型个体主要摄食磷虾(*Nyctiphanes simplex*)。

胃含物分析是海洋生物摄食生态学研究的传统方法，在头足类摄食生态学研究中有着广泛应用，但是单从胃含物分析结果来判断头足类的摄食情况存在较大不确定性。因为该方法本身存在一定局限性，如所分析的仅是头足类捕获前所摄食物，不能说明其长期的摄食习性；所取样品多为难消化的食物，具有偶然性，不能提供生物食性变化信息。此外，头足类具有特殊的摄食行为，其所摄食的食物必须通过位于脑部中间的狭窄食道。任何大小的食物都会被其角质颚切割成较小的碎片，而这些碎片会被齿舌(radula)进一步磨碎(Hanlon and Messenger，1996)。这些残留的食物碎片可能会干扰研究人员对食物组成的判断，而且头足类会抛弃被捕食者较大的硬组织或结构，如鱼类的头部，使研究人员低估某些大个体食物的出现频率(Field et al.，2007)。

1.2.2 稳定同位素技术

稳定同位素技术是国内外学者在传统胃含物分析基础上引入的最常见的摄食生态学研究方法。稳定同位素技术的应用原理是：在生物圈中，同种元素的重同位素和轻同位素含量组成存在天然差异，并且因其在生物新陈代谢过程中具有复杂的分馏机制，生物体内的稳定同位素特征值可用于揭示物质在生态系统中的流动(Rounick and Winterbourn，1986)。稳定同位素技术已成为摄食生态学研究中常用的生物化学示踪技术(Pethybridge et al.，2018)(表1-1)。

表1-1 摄食生态学研究常用的生物化学示踪技术

	碳稳定同位素分析	氨基酸稳定同位素分析	脂肪酸组成分析
摄食组成	**	***	*
营养级	**	****	/
生态转换效率	/	**	/
生态位	**	***	*
物质来源	*	****	****
栖息地空间利用	****	**	**

注：符号表示技术效能。****为极好；***为较好；**为好；*为较差；/为差。

目前用于摄食生态学研究的元素包括 C、N、O、H 和 S，其中应用最多的是 C 和 N。在生态系统中，碳稳定同位素比值[$\delta^{13}C$ ($^{13}C/^{12}C$)]在各营养级间变化较小(<1‰)，可用于指示食物来源和分析食性转化，而氮稳定同位素比值[$\delta^{15}N$ ($^{15}N/^{14}N$)]在各营养级间存在富集(3‰~4‰)，可用于确定研究对象的营养级(Post，2002；Caut et al.，2009)。碳、氮稳定同位素技术为摄食生态学研究提供了更迅速、客观的方法，并且可以分析长期及短期内生物的食性变化和营养流动过程中所处的食物网地位。目前该技术在国内外头足类摄食生

态学研究中的应用正逐步完善，并取得了理想的结果。贡艺等(2014)分析了脂类对北太平洋柔鱼(*Ommastrephes bartramii*)胴体肌肉 $\delta^{13}C$ 和 $\delta^{15}N$ 的影响和干扰机制，认为脂类抽提是头足类肌肉组织稳定同位素分析预处理过程的必要步骤。张宇美(2014)分析了茎乌贼肌肉 $\delta^{13}C$ 和 $\delta^{15}N$ 与胴长的关系，结果表明其营养级随个体生长呈上升趋势。Cherel 等(2009a)通过测定茎柔鱼和其饵料生物的 $\delta^{13}C$ 和 $\delta^{15}N$，基于贝叶斯模型分析了各饵料生物的食物贡献率。牙齿、鼻毛和角质颚等硬组织具有稳定的化学成分和物理结构，构成这类组织的化学物质中的稳定同位素会记录生物体的生活史信息。通过对这类硬组织样本连续取样，结合稳定同位素技术，研究者提出了一种可以在个体和群体层面上研究海洋生物长期摄食习性的方法。Mendes 等(2007)对抹香鲸(*Physeter macrocephalus*)牙齿进行了分层切割，通过分析不同牙层的 $\delta^{13}C$ 和 $\delta^{15}N$，推测了抹香鲸的洄游路径和营养级。Vales 等(2015)分析了南美海狗(*Arctocephalus australis*)鼻毛分段 $\delta^{15}N$ 的时间变化，结果发现其在断奶期 $\delta^{15}N$ 显著下降，推测与其自主捕食和觅食区域改变有关。稳定同位素技术也已用于头足类摄食生态学研究中。例如，角质颚喙部、侧壁至翼部的 $\delta^{13}C$ 和 $\delta^{15}N$ 与头足类不同生长时期的摄食情况有较好的对应关系(Hobson and Cherel, 2006)。Lorrain 等(2011)基于内壳切割片段稳定同位素比值，分析了茎柔鱼在摄食和洄游模式方面的个体间差异。

在海洋生态系统中，不同海域光照强度、海水温度、海水中 CO_2 浓度等条件的差异会使初级生产者的 $\delta^{13}C$ 存在空间异质性，而氮源的不同(如硝酸盐、铵盐和 N_2 等)，以及相应的化学反应进程的差别(固氮或反硝化反应)会使 $\delta^{15}N$ 存在空间差异(Somes et al., 2010)。这些差异会通过食物网传递到高营养级生物体中，使不同海域的生物具有特殊性(Ruiz-Cooley and Gerrodette, 2012)。因此，在评价海洋生态系统高营养级生物功能或揭示食物网中物质循环和能量流动时，需考虑稳定同位素基线的差异。为此，国内外学者对海洋生态系统稳定同位素基线的选取与应用也开展了很多研究。卢伙胜等(2009)研究发现雷州湾体长小于 30mm 的白氏文昌鱼(*Branchiostoma belcheri*)的胃含物里没有动物残留，其胃含物主要为藻类和碎屑，食物种类较单一，因此以体长 30mm 的白氏文昌鱼为基线计算出该海域主要鱼类的营养级。Fukumori 等(2008)对日本四国岛海域的珠母贝(*Pinctada margaritifera*)进行了时空分析，发现其 $\delta^{13}C$ 和 $\delta^{15}N$ 时空差异小，因此将其作为该海域生态系统的基线。Lesutienė 等(2014)分别以斑马纹贻贝(*Dreissena polymorpha*)和浮游动物作为底栖和浮游食物链的基线，初步构建了波罗的海沿海环礁湖的食物网。

1.2.3 特定化合物稳定同位素技术

作为传统"整体"稳定同位素技术(bulk stable isotope technology)的有力补充，特定化合物稳定同位素技术(compound specific stable isotope technology)将摄食生态学研究扩展到了更高的分子水平上(表1-1)。氨基酸、脂肪酸、蛋白质和碳水化合物等因在生物新陈代谢过程中的生物合成作用和循环速率不同，而表现出不同的稳定同位素特征(Post, 2002; Pethybridge et al., 2018)。

在摄食生态学研究中，应用最多的是特定氨基酸的 $\delta^{15}N$。对海洋浮游生物必需氨基酸的 $\delta^{15}N$ 研究表明，不同的氨基酸在合成和代谢过程中存在不同的氮分馏机制，伴随着营养级的升高,生物体的$\delta^{15}N$变化是其体内氨基酸$\delta^{15}N$变化的加权平均结果(Caut et al., 2009)。由于具有高度的洄游特性,大洋性头足类机体的$\delta^{15}N$会受摄食习性和栖息地环境变化的综合影响,通过分析机体特定氨基酸中的$\delta^{15}N$,可以区分两种因素的影响,更准确地研究头足类的摄食习性和洄游路径。谷氨酸(glutamic acid, Glu)在代谢过程中发生脱氮作用,随着营养级的升高其$\delta^{15}N$具有较高且稳定的富集度,平均达到 7.6‰,被称为"营养"氨基酸(trophic amino acid),而苯丙氨酸(phenylalanine, Phe)的$\delta^{15}N$在营养级间的富集度接近 0,被称为"源"氨基酸(source amino acid)(贡艺等,2014)。据此,谷氨酸和苯丙氨酸$\delta^{15}N$的差值可以间接指示捕食者的营养级,而不再需要食物网基线的稳定同位素信息,从而排除了栖息地环境的时空异质性(Post, 2002)。Ruiz-Cooley 等(2013)测定了栖息于北加利福尼亚海流系统中茎柔鱼内壳的$\delta^{15}N_{Phe}$,利用其不受营养级变化的特点,推测出茎柔鱼来自多个海域。此外,氨基酸稳定同位素分析可更加准确地分析海洋生物的种内(间)关系。Ohkouchi 等(2013)测定了 1 种旋壳乌贼(*Spirula spirula*)和 3 种乌贼(乌贼 *Sepia officinalis*、白斑乌贼 *Sepia latimanus* 和金乌贼 *Sepia esculenta*)肌肉和钙质内壳的$\delta^{15}N_{Phe}$和$\delta^{15}N_{Glu}$,结果表明旋壳乌贼营养级为 2.5~2.8,低于乌贼的营养级(3.4~3.6)。

1.2.4 特征脂肪酸组成分析

脂肪酸是与生物关键生理和生物化学过程相关的脂质的主要成分,主要以三羧酸甘油酯和磷脂的形式存在,是摄食生态学研究的"天然生物标志物"之一(许强和杨红生,2011)。作为生物标志物,脂肪酸具备几大优点:第一,摄食被认为是影响组织脂肪酸组成的最重要的外部因素,通过对生物体组织脂肪酸分析,可以获取其食物信息;第二,脂肪酸可以形成储存脂,储存在生物体内,从而可依据选取测定的不同组织反映生物体长期或最近的摄食情况,相对传统的胃含物分析法,特征脂肪酸组成分析法减小了判断生物食性的偶然性;第三,在新陈代谢过程中相对稳定,在生物的摄食和同化过程中结构基本保持不变。

海洋生物脂肪酸的碳原子数一般为 12~24 个,分为饱和脂肪酸和不饱和脂肪酸两类。对于高营养级生物,某些脂肪酸(如 *n*-3 和 *n*-6 系列高度不饱和脂肪酸)只能从食物中获取,不能自身合成,被称为必需脂肪酸(Olsen et al., 1999)。因此,初级生产者(浮游植物、大型海藻等)和细菌的脂肪酸成分会通过食物网影响高营养级消费者的脂肪酸组成(表 1-2),而这些特征脂肪酸已被学者应用于海洋生态系统营养关系研究中(Bell et al., 1994; Kharlamenko et al., 2001; Iverson, 2009; Iverson et al., 2004)。Pethybridge 等(2013)对南极褶柔鱼(*Todarodes filippovae*)和其饵料生物脂肪酸组成进行研究,发现南极鱿鱼食性的时间性变化与不同海域的环境条件有关。Sardenne 等(2016)根据脂肪酸组成计算了西印度洋 3 种金枪鱼的营养生态位,结果表明三者具有不同的营养生态位,这种模式降低了种间竞争。Smith 等(1996)对栖息在半岛上和海洋的海豹(*Phoca vitulina*)脂肪酸组成进行对比,结果显示其脂肪酸组成分别反映了淡水和海洋食物来源。

表 1-2　海洋生态系统中应用的主要特征脂肪酸标志物

指示物种	特征脂肪酸标志物
硅藻	C16：1n-7
	C20：5n-3
	C16：1/C16：0>1.6
	Σ16/Σ18>2
	C20：5n-3/C22：6n-3>1
鞭毛藻类	C22：6n-3
	C18：3n-3
	C20：5n-3/C22：6n-3<1
细菌	Σ15+Σ17
	C18：1n-7
褐藻	C18：1n-9
红藻	C20：5n-3/C20：4n-6>10
大型藻类	C18：2n-6 + C18：3n-3
海草	C18：2n-6 + C18：3n-3
红树林	C16：1n-7
	C18：3n-3
	C18：1n-7/C18：1n-9>1
	Σ22+Σ24

1.3　生物地球化学示踪技术在头足类摄食生态学中的应用

头足类具有运动性强、摄食数量大、消化转换能力高、生长迅速的特点，与其他海洋渔业资源生物相比，头足类具有其独特性。头足类摄食的随机性高，因此栖息环境的生物种类和丰度决定了其对摄食对象选择性的高低。头足类高度的洄游性决定了其将经历多个不同环境的栖息地，因此在进行头足类食性研究时应结合其洄游路径信息。

1.3.1　摄食

大多数头足类均具有耳石、角质颚和内壳等特殊硬组织结构。头足类在与外界环境进行物质交换过程时，环境中的化学元素通过呼吸、摄食等方式进入体内，经过一系列的代谢、循环进入内淋巴，结晶后沉积在这些硬组织中。由于新陈代谢及内分泌，甚至神经系统的活动受光周期变化的调控，硬组织的沉积成分产生了周期性的变化，形成可以辨识的生长纹，生长纹一旦形成之后将不受生理调控的影响(Perez et al., 2006)，这一特性与肌肉、血液和墨汁等软组织截然不同。因此，在头足类经历特殊生理转变或栖息地变更时，营养物质的沉积机制将发生改变，使硬组织上不同生长纹所含地球化学信息的解读具有时间意义(Lorrain et al., 2011；Mcmahon et al., 2013)。

目前针对头足类摄食生态学的研究逐渐以这些硬组织器官为新的研究位点，并结合肌肉等软组织反映的信息来量化研究头足类生活史过程，但头足类不同组织中碳、氮稳定同位素特征值受同位素分馏转化的影响存在差异。Cherel 等(2009a)对南极褶柔鱼(*Todarodes filippovae*)软组织(胴体、腕足、口球、腺体)和硬组织(角质颚、内壳)的 $\delta^{13}C$ 和 $\delta^{15}N$ 进行了比较,结果发现不同软组织间 $\delta^{13}C$ 和 $\delta^{15}N$ 差异小,且软组织的 $\delta^{15}N$ 显著高于硬组织的 $\delta^{15}N$。Ruiz-Cooley 等(2006)对加利福尼亚湾采集的茎柔鱼研究发现,肌肉的 $\delta^{13}C$ 和 $\delta^{15}N$ 与角质颚的值具有显著线性关系,且肌肉中的 $\delta^{13}C$ 和 $\delta^{15}N$ 比角质颚分别高出 1‰和 4‰。这都反映出不同元素在机体不同组织中的分馏差异。因此,在研究头足类摄食生态学时,应考虑组织间稳定同位素分馏差异对测定结果的干扰。研究发现,头足类肌肉稳定同位素转化率较慢,一般为几周或更长,因此肌肉的稳定同位素比值仅能反映出机体几周或数月前的摄食情况,而肝胰腺和性腺的稳定同位素转化率较快,可表征机体几天内的摄食情况(Argüelles et al., 2012)。Ruiz-Cooley 等(2010)发现,对于胴长 40cm 的茎柔鱼,约需 80d 食物信息才能反映在肌肉稳定同位素中。

耳石是位于头足类平衡囊内起平衡作用的一对钙化组织,是其加速度感应器,它包含大量生物学和生态学信息,被形象地称作生命记录仪(Arkhipkin and Bizikov, 2000),是头足类基础研究的重要材料之一。耳石核心位置的微量元素和稳定同位素分析可以用来鉴别不同捕获地点成鱼出生地(Mcmahon et al., 2013),耳石不同微区的氧稳定同位素比值($\delta^{18}O$)可用于分析生活史的不同阶段所处栖息地的表层水温(Landman et al., 2004),估算年龄和生长率(Campana and Thorrold, 2001)。

在头足类摄食生态学研究中应用较多的硬组织是角质颚和内壳。角质颚是头足类的主要摄食器官,具有稳定的形态、良好的信息储存及耐腐蚀等特点。在角质颚的生长过程中几丁质和蛋白质分子从喙顶点向翼部不断累积,形成稳定的几丁质-蛋白质结构,角质颚喙部、侧壁至翼部的碳和氮稳定同位素比值与头足类不同生长时期的摄食情况有较好的对应关系,这一特性决定其可用于头足类摄食生态学研究。Hobson 和 Cherel(2006)对人工养殖乌贼(*Sepia officinalis*)的角质颚和肌肉的 $\delta^{13}C$ 和 $\delta^{15}N$ 进行测定,期望能够重建乌贼与其饵料生物的摄食关系。结果发现,乌贼角质颚喙部 $\delta^{13}C$ 和 $\delta^{15}N$ 与养殖第一个月饵料的 $\delta^{13}C$ 和 $\delta^{15}N$ 相近,而角质颚剩余部分的 $\delta^{13}C$ 和 $\delta^{15}N$ 与养殖结束前 8 个月饵料的 $\delta^{13}C$ 和 $\delta^{15}N$ 相近,推测角质颚喙部和剩余部分的稳定同位素含量可反映其幼体和成体时期的摄食情况。Cherel 和 Hobson(2005)对印度洋南部凯尔盖朗群岛(Kerguelan Islands)的抹香鲸(*Physeter macrocephalus*)胃含物中残留的头足类角质颚进行了分析,发现角质颚中 ^{13}C 含量较高,而 ^{15}N 含量相对较低,^{15}N 含量随角质颚增大逐渐升高,且角质颚不同部位的 ^{15}N 含量也有所不同,这同头足类角质颚生长的规律相一致,即角质颚生长从喙部、侧壁至叶轴,分别反映了头足类生活史早期、中期和被捕获时的摄食情况及变化,从而可推测其在不同的生长时期所处的营养级。Guerra 等(2010)将大王乌贼(*Architeuthis dux*)的上角质颚从喙顶点向头盖后缘每隔 1.43mm 进行微取样,测定每个取样位点的 C 和 N 稳定同位素特征值,结果发现角质颚喙顶点部分 $\delta^{13}C$ 和 $\delta^{15}N$ 波动较大,其原因可能是大王乌贼生活史早期体形较小,游泳能力差,受海流影响导致食性变化大,而头盖后缘部分 $\delta^{13}C$ 和 $\delta^{15}N$ 变化趋于平缓,可能是由于其体形增大后,食物来源趋于稳定。

内壳和角质颚的生长特点相似,枪形目(Teuthida)头足类内壳是由几丁质和蛋白质分子构成的稳定角质结构,其长度与体长和体质量具有很高的相关性,可用来研究头足类的生长过程(陈新军等, 2009; Lorrain et al., 2011)。Perez 等(2006)、Kato 等(2016)对滑柔鱼(*Illex illecebrosus*)和北太平洋柔鱼(*Ommastrephes bartramii*)的研究发现,其内壳长与胴长关系的相关系数均超过 0.9。内壳稳定的角质结构记录着其整个生活史的摄食信息,因此是应用稳定同位素技术的理想对象(Mcmahon et al., 2013)。有学者通过分析加利福尼亚湾茎柔鱼内壳等距离连续切割片段的稳定同位素,重塑其生活史过程中的食性转换过程,发现 $\delta^{13}C$ 和 $\delta^{15}N$ 随内壳长度增大显著上升,表明随个体生长其营养层次显著升高。内壳按照生长纹或者耳石日龄进行的连续切割片段所携带的信息,揭示了茎柔鱼一定时间段的摄食洄游活动,这一结论已经被广泛认同(Lorrain et al., 2011;贡艺等,2015)。此外,结合氨基酸特定化合物稳定同位素技术,内壳的 $\delta^{15}N_{Phe}$ 还可以用来对头足类进行溯源(Ruiz-Cooley et al., 2013)。

1.3.2 洄游

头足类具有明显的洄游行为,这与其他软体动物不同,但与鱼类甚为相似。研究其洄游路线,确定其索饵场和产卵场,对分析头足类生活史信息,合理开发头足类渔业资源有很大帮助,然而对头足类洄游路径的研究仍处在推测等定性分析阶段。Landman 等(2004)假设霰石是均匀分布在耳石的平衡囊中,依据软体动物中霰石和水的 $\delta^{18}O$ 的关系式,推断出圣保罗大王乌贼(*Architeuthis sanctipauli*)生活于水温 10.5～12.9℃、水深 125～250m 的环境。Lukeneder 等(2008)利用旋壳乌贼(*Spirula spirula*)石灰质内壳的 $\delta^{18}O$ 探讨了其生活史栖息水层的变化及个体生长发育情况。数据分析显示,随着内壳中 $\delta^{18}O$ 增加,旋壳乌贼的栖息水层逐渐加深。Lorrain 等(2011)对茎柔鱼内壳生长纹连续切割后进行 $\delta^{13}C$ 测定发现,在其生活史过程中,可能有一个或多个洄游过程,这反映了茎柔鱼对环境具有较强的适应性。头足类摄食具有投机性,且同种相残现象明显,相同栖息地不同大小的个体,肌肉 $\delta^{15}N$ 也可能相同。Argüelles 等(2012)分析了茎柔鱼个体肌肉碳、氮稳定同位素与栖息地环境的关系,认为随个体生长,其营养级没有明显增长,而纬度才是 $\delta^{15}N$ 变化的主要原因。Ruiz-Cooley 和 Gerrodette(2012)基于广义加性模型(generalized additive model, GAM)分析了大洋性头足类肌肉 $\delta^{13}C$ 和 $\delta^{15}N$ 与纬度、离岸距离和胴长的关系,结果表明 $\delta^{13}C$ 和 $\delta^{15}N$ 与个体生长和纬度变化无固定变化趋势,但均随离岸距离增大而降低。

1.4 小　　结

茎柔鱼具有重要的经济价值,并且在东太平洋生态系统中占有重要地位。近年来茎柔鱼产量维持着上升趋势,但其资源量年间波动剧烈,受气候和环境变化影响明显。尽管多国学者已开展茎柔鱼年龄结构、遗传进化和繁殖发育等基础性研究,对其基础生物学信息已有一定认识,然而对其摄食生态的研究仍处于胃含物分析等初级阶段,缺乏对不同海域茎柔鱼摄食洄游规律及茎柔鱼对气候变化响应机制的深入研究,限制了茎柔鱼资源可持续开发和科学管理。因此了解和掌握茎柔鱼的群体结构、个体(群体)间营养生态位分化及其对气候变化的响应机制,有助于认识茎柔鱼在东太平洋生态系统中的地位及差异化生存策略,为其资源可持续开发和科学管理提供理论支持。

第 2 章　基于摄食信息的茎柔鱼地理溯源

茎柔鱼的捕捞作业海域包括加利福尼亚湾、哥斯达黎加外海、中东太平洋赤道海域，以及秘鲁与智利的沿岸和外海。茎柔鱼肉质鲜美，营养丰富，可被制作成鱼类饵料和鱼粉等产品，其胴体和腕足也可加工为多种即食休闲食品(Arias-Moscoso et al.，2011；杨宪时等，2013)。已有研究发现，茎柔鱼产量易受海洋环境变化的影响，而不同海域受影响的程度不同，这使各地理来源的茎柔鱼产品价格存在波动(Markaida，2006)。国内外学者已证明多种方法可用于分析茎柔鱼的地理来源。例如，形态学分析(Liu et al.，2015a；Gong et al.，2018)，但该方法存在一定局限性，因为头足类渔获物在加工中会损失部分可辨识的形态学特征指标。分子生物学方法也可用于海洋生物地理溯源，但已有研究发现不同地理群体的茎柔鱼基因多样性较低(Rasmussen and Morrissey，2008)。脂肪酸是茎柔鱼生命活动主要的能量来源之一，与其生命史过程中的生理机能具有密切的关系(Phillips et al.，2001)。海洋生物的脂肪酸组成受多种因素的影响，其中，摄食活动和栖息地的环境被认为是影响其组成的最主要因素(Iverson et al.，2004；许强和杨红生，2011)，这使脂肪酸成为海洋生物溯源的标志物。稳定同位素也具有判断海洋生物地理来源的作用(Caut et al.，2009)，且不同海域环境和生物地球化学过程的差异会引起茎柔鱼组织 $\delta^{13}C$ 和 $\delta^{15}N$ 的变化，从而可以反映不同地理来源个体的特异性(Argüelles et al.，2012；Ruiz-Cooley and Gerrodette，2012)。因此，本章通过测定不同海域捕获的茎柔鱼肌肉脂肪酸组成和稳定同位素比值，分析各海域茎柔鱼稳定同位素比值与所含脂肪酸种类和组成的潜在差异，并分析可能引起这些生物化学标志物空间异质性的主要原因，探索稳定同位素和脂肪酸分析技术对茎柔鱼进行地理溯源的可行性。

茎柔鱼捕获自中东太平洋赤道海域(CEP)、秘鲁外海(PER)和智利外海(CHI)(图2-1)，样品经-20℃冷冻保存运回实验室。为了更好地了解不同地理群体茎柔鱼脂肪酸组成差异，仅选取个体大小相近的59尾样品进行研究(表2-1)，其中44尾用于脂肪酸分析。实验室解冻后，测量胴长，精确至0.1cm。取茎柔鱼胴体漏斗锁软骨处的肌肉，去除表皮，使用超纯水漂洗后放入冷冻

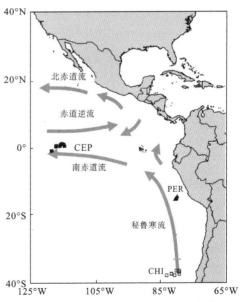

图 2-1　茎柔鱼采样点和主要表层海流

CEP 为中东太平洋赤道海域；PER 为秘鲁外海；CHI 为智利外海

干燥机，在-55℃干燥24h，干燥后用冷冻混合球磨仪磨成粉末(Phillips et al.，2002)。

表 2-1 茎柔鱼采样点和基础生物学参数

项目	中东太平洋赤道海域	秘鲁外海	智利外海
样本量/尾	18	26	15
采样时间	2013年4~6月	2015年8~9月	2015年11月
采样范围	115°02′~119°00′W 1°11′N~1°00′S	79°45′~85°03′W 9°50′~15°42′S	79°00′~83°00′W 37°06′~38°30′S
胴长均值±标准偏差/cm	30.6±5.4	31.3±7.2	35.5±3.3

称取肌肉粉末200mg加入15mL三氯甲烷-甲醇溶液(2∶1，v/v)(Folch et al.，1957)，浸泡24h。离心后取上清液，加入0.9%的氯化钠溶液洗涤，静置至溶液明显分层。取三氯甲烷层于圆底烧瓶中，用氮气吹干。加入4mL氢氧化钠-甲醇溶液(0.5mol/L)，混合后连接水浴回流装置，水浴加热30min(60℃)。之后加入4mL三氯化硼-甲醇溶液(14%)，水浴加热30min。冷却至室温，加入4mL正己烷，震荡2min。再加入10mL氯化钠溶液，静置分层。正己烷层移入配有聚四氟乙烯瓶盖的厚壁玻璃管。

脂肪酸分析采用Agilent 7890B气相色谱仪与Agilent 5977A质谱仪。色谱条件：毛细管柱型号为Agilent HP-88(60m×0.25mm×0.20μm)，载气为高纯氦气，分流比为10∶1，进样口温度为250℃。升温程序：初始温度为125℃，以8℃/min升温至145℃并保持26min，然后以2℃/min升温至220℃并保持1min，最后以1℃/min升温至227℃并保持1min。离子源设置为扫描模式，温度保持在230℃。电离能和扫描速度分别为70eV和3scans/s。

1.5mg冷冻干燥后的茎柔鱼肌肉粉末直接包被后用于测定$\delta^{15}N$。脂类相对蛋白质和碳水化合物^{13}C含量较低，且不同个体脂类含量存在差异，可能对测定结果造成影响，因此对样品$\delta^{13}C$的测定采用已脱脂的肌肉粉末。将已提取脂类的固体残留物移入培养皿，采用烘干箱80℃干燥24h，再次研磨成粉末，取1.5mg粉末进行包被后用于测定$\delta^{13}C$。

包被后的样品送入IsoPrime 100稳定同位素分析质谱仪和vario ISOTOPE cube元素分析仪测定。测定结果以相对于国际碳同位素标准物——芝加哥箭石标准(Peedee belemnite standard，PDB standard)和氮同位素标准物大气氮(N_2-atm)的比值(δ)来表示。为保证试验结果的精度和准确度，每10个样品间放入3个实验室标准品(蛋白质：$\delta^{13}C$=-26.98‰；$\delta^{15}N$=5.96‰)校准仪器，误差为0.05‰($\delta^{13}C$)和0.06‰($\delta^{15}N$)。稳定同位素测定在上海海洋大学大洋渔业资源可持续开发教育部重点实验室进行。

脂肪酸组成采用内标法进行定量分析。每种脂肪酸以占各脂肪酸总含量的百分比表示。使用SPSS 19.0对数据进行主成分分析，检验不同地理群体茎柔鱼肌肉脂肪酸组成的空间差异。使用Past3软件计算Bray-Curtis相似性系数，以相似性分析(analysis of similarities，ANOSIM)对比地理群体空间差异的大小，并通过分析相似性百分比(similarity percentage，SIMPER)检验造成茎柔鱼肌肉脂肪酸组成空间差异的主要脂肪酸种类。以嵌套性指数(index of nestedness，INes)表征各地理群体稳定同位素比值的差异(Cucherousset and Villéger，2015）。利用逐步判别分析（stepwise discriminatory analysis，SDA）筛选可用于区分茎柔鱼地理群体的因子。

随着商业头足类产品的不断开发，一种有效的溯源方法可以直观反映其所捕捞的地理群体，特别是地理分布广泛的种类。目前，稳定同位素和脂肪酸分析已被广泛用于海洋生物的地理溯源，如鱼类（Kim et al.，2015）、虾类（Ortea and Gallardo，2015）和海参（Zhang et al.，2017）等。因此，本研究通过测定茎柔鱼肌肉中的生物地球化学示踪物（脂肪酸、^{13}C 和 ^{15}N），分析不同地理群体茎柔鱼摄食信息的空间异质性，探索稳定同位素与脂肪酸分析在茎柔鱼地理溯源中的可行性。

2.1　脂肪酸组成

2.1.1　肌肉脂肪含量和脂肪酸组成

对脂肪酸测定结果分析发现，3 个地理群体茎柔鱼肌肉中所含脂肪酸种类不同，分别检测出 24～28 种脂肪酸（表 2-2）。捕获自秘鲁外海（PER）的样品所含种类最多，包括 10 种饱和脂肪酸（saturated fatty acid，SFA），8 种单不饱和脂肪酸（monounsaturated fatty acid，MUFA）和 10 种多不饱和脂肪酸（polyunsaturated fatty acid，PUFA）。中东太平洋赤道海域的个体未检出 1 种 PUFA，即 C20：3n-6。智利外海（CHI）样品中的脂肪酸种类最少，C14：0、C15：0、C14：1n-5 和 C20：3n-3 均未检出。

表 2-2　茎柔鱼肌肉脂肪酸组成（%）

	脂肪酸	中东太平洋赤道海域	秘鲁外海	智利外海
饱和脂肪酸	肉豆蔻酸 C14：0	0.66 ± 0.03	0.03 ± 0.02	nd
	十五碳酸 C15：0	1.75 ± 0.11	0.71 ± 0.02	nd
	棕榈酸* C16：0	14.27 ± 0.92	15.66 ± 0.31	13.07 ± 0.41
	十七碳酸 C17：0	1.56 ± 0.08	1.46 ± 0.05	0.77 ± 0.03
	硬脂酸* C18：0	4.70 ± 0.11	5.55 ± 0.16	3.51 ± 0.19
	花生酸 C20：0	1.24 ± 0.09	0.35 ± 0.02	1.01 ± 0.04
	二十一碳酸 C21：0	0.67 ± 0.05	0.24 ± 0.01	0.87 ± 0.03
	二十二碳酸 C22：0	0.10 ± 0.01	1.54 ± 0.09	0.17 ± 0.01
	二十三碳酸 C23：0	0.75 ± 0.06	0.74 ± 0.08	0.56 ± 0.11
	二十四碳酸 C24：0	0.22 ± 0.02	1.00 ± 0.10	0.74 ± 0.06
单不饱和脂肪酸	肉豆蔻油酸 C14：1n-5	1.13 ± 0.11	0.32 ± 0.04	nd
	十五碳一烯酸 C15：1n-5	1.12 ± 0.08	0.21 ± 0.02	0.42 ± 0.06
	十六碳一烯酸*C16：1n-7	1.11 ± 0.08	1.45 ± 0.08	1.24 ± 0.04
	十七碳一烯酸*C17：1n-7	1.45 ± 0.15	1.38 ± 0.19	1.01 ± 0.04
	油酸* C18：1n-9	3.01 ± 0.18	3.22 ± 0.22	2.42 ± 0.06

续表

	脂肪酸	中东太平洋赤道海域	秘鲁外海	智利外海
	二十碳一烯酸* C20：1n-9	3.46 ± 0.11	3.82 ± 0.13	3.28 ± 0.07
	芥酸 C22：1n-9	1.47 ± 0.10	0.92 ± 0.05	0.88 ± 0.03
	二十四碳一烯酸 C24：1n-9	0.16 ± 0.01	1.71 ± 0.10	0.75 ± 0.03
多不饱和脂肪酸	亚油酸* C18：2n-6	3.41 ± 0.24	3.85 ± 0.23	4.57 ± 0.16
	十八碳三烯酸 C18：3n-3	0.42 ± 0.03	1.04 ± 0.06	1.23 ± 0.10
	γ-亚麻酸 C18：3n-6	0.77 ± 0.06	0.81 ± 0.11	0.95 ± 0.11
	二十碳二烯酸 C20：2	0.95 ± 0.06	1.03 ± 0.06	1.30 ± 0.04
	二十碳三烯酸 C20：3n-3	1.76 ± 0.12	1.31 ± 0.06	nd
	二十碳三烯酸 C20：3n-6	nd	1.22 ± 0.07	0.22 ± 0.03
	花生四烯酸* C20：4n-6	6.03 ± 0.18	2.45 ± 0.11	6.99 ± 0.22
	二十碳五烯酸 EPA* C20：5n-3	8.81 ± 0.21	7.85 ± 0.14	8.10 ± 0.19
	二十二碳二烯酸 C22：2n-6	1.58 ± 0.25	0.45 ± 0.24	0.18 ± 0.12
	二十二碳六烯酸 DHA* C22：6n-3	37.43 ± 1.99	39.67 ± 0.92	45.74 ± 0.64

注：nd 表示未检出，*表示 3 个地理群体该种脂肪酸的百分含量均大于 1%。

PUFA 是茎柔鱼肌肉脂肪酸含量最高的一类。智利外海样品的 PUFA 总含量最高 (69.3%)，秘鲁外海最低但也高达 59.7%，且与中东太平洋赤道海域样品(61.2%)无显著差异(图 2-2)。C22：6n-3(DHA)是 PUFA 的主要存在形式(>61.2%)，其含量以智利外海样品最高，中东太平洋赤道海域和秘鲁外海次之，但二者差异不显著。茎柔鱼肌肉 SFA 含量为 20.7%~27.3%，智利外海个体的 SFA 含量显著低于其他两个地理群体($p<0.05$)。在 3 个地理群体检测出的 SFA 中，C16：0 和 C18：0 含量较高，其他种类的含量均较低(表 2-2)。C16：0 是含量最高的 SFA，占 55.03%~63.11%。茎柔鱼肌肉中 MUFA 的含量低于 SFA 和 PUFA，仅 10.01%~13.04%。中东太平洋赤道海域和秘鲁外海个体的 MUFA 高于智利外海，而二者差异不显著($p>0.05$)。在全部地理群体含量均高于 1%的脂肪酸有 10 种，即 C16：0、C18：0、C16：1n-7、C17：1n-7、C18：1n-9、C20：1n-9、C18：2n-6、C20：4n-6、C20：5n-3(EPA)和 C22：6n-3(DHA)(表 2-2)。其中，含量排在前 6 位的是 C16：0、C18：0、C20：1n-9、C18：2n-6、EPA 和 DHA，3 个地理群体这 6 种脂肪酸的总含量均达 81.1%以上。

2.1.2 肌肉脂肪酸组成的空间差异

以 3 个地理群体茎柔鱼样品为样本单元，仅选择在全部地理群体含量均高于 1%的脂肪酸进行主成分分析(表 2-2)。由图 2-2 可以看出，3 个地理群体基本散布在不同的区域，说明茎柔鱼脂肪酸组成在地理群体间存在差异。主成分 1 和主成分 2 能较好地区分秘鲁外海和智利外海样品，但较难区分中东太平洋赤道海域和其他两个地理群体。

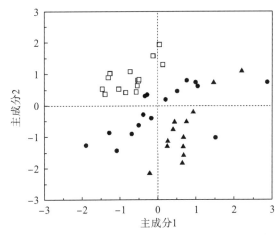

图 2-2 不同地理群体茎柔鱼肌肉脂肪酸组成主成分散布图

●为中东太平洋赤道海域，▲为秘鲁外海，□为智利外海

ANOSIM 显示，各地理群体间茎柔鱼脂肪酸组成均存在显著差异（$P<0.05$）。由于 R 值可指示各组地理群体间差异的大小，秘鲁外海与智利外海的差异（$R=0.87$）明显大于其他两组地理群体的差异（中东太平洋赤道海域与秘鲁外海：$R=0.18$；中东太平洋赤道海域与智利外海：$R=0.33$）。根据相似性分析结果，对中东太平洋赤道海域和秘鲁外海差异贡献较大的是 C22：6n-3、C16：0 和 C18：2n-6，总贡献率为 70.45%。中东太平洋赤道海域与智利外海和秘鲁外海与智利外海的差异主要是来自 C22：6n-3、C20：4n-6 和 C16：0，总贡献率分别为 71.20%和 68.18%。

对东太平洋 3 个地理群体茎柔鱼肌肉脂肪酸组成分析发现，不同地理群体茎柔鱼所含的脂肪酸种类存在差异（表 2-2）。捕获自秘鲁外海的样品共检测到 28 种，而智利外海的个体只有 24 种。尽管如此，各地理群体茎柔鱼脂肪酸均以 PUFA 为主，含量占比达到 59.68%～69.28%，其次是 SFA（20.71%～27.28%）和 MUFA（10.01%～13.04%）。该结果与杨宪时等（2013）和 Saito 等（2014）对秘鲁沿岸和外海茎柔鱼胴体肌肉脂肪酸组成的研究结果相似。这种不同饱和度脂肪酸的相对含量也出现在其他头足类中。Stowasser 等（2006）对圆鳍枪乌贼（*Lolliguncula brevis*）肌肉和消化腺脂肪酸组成研究发现，含量由高到低分别为 PUFA、SFA 和 MUFA。南极褶柔鱼（*Todarodes filippovae*）肌肉脂肪酸组成也存在这种关系，但其消化腺的脂肪酸以 MUFA 为主（Pethybridge et al.，2013）。与近海种类相比，大洋性头足类运动能力强，生长速率快，新陈代谢速率和转化率的差别可能造成了消化腺脂肪酸组成的差异（Every et al.，2016）。茎柔鱼消化腺是否具有该特点还有待进一步研究。此外，茎柔鱼各地理群体肌肉较高的 PUFA 含量显示其具有极高的营养价值，特别是含量排在前 6 位的 EPA 和 DHA，被证实具有预防心血管疾病、改善神经和视觉系统等功效（Simopoulos，2006）。

脂肪酸组成的空间异质性也可能与各地理群体环境条件有关。本研究中，秘鲁外海和智利外海主要受秘鲁寒流和上升补偿流影响，海域的水温较低。由于所处纬度较高，智利外海水温相对更低（图 2-1），而中东太平洋赤道海域同时受南赤道流和赤道逆流影响，且光照充足，具有较高的水温(Anderson and Rodhouse, 2001)。研究发现，在水温降低时，海洋生物会通过提高PUFA含量以保持细胞膜活性(Ruyter et al., 2003; Tocher et al., 2004)。水温的这种影响也表现在茎柔鱼中，栖息在最低水温环境的智利外海个体PUFA含量最高，特别是C18:2n-6、C20:4n-6和C22:6n-3。此外，在秘鲁外海和智利外海，上升补偿流将海底大量的营养盐输送到海洋真光层，而中东太平洋赤道海域靠近大洋中部，营养盐相对贫瘠。各地理群体水温、光照和营养盐的差异很可能造成浮游植物种类和丰度的空间差异(杨东方等，2007)，而某些浮游植物含有特异性脂肪酸种类，并可通过摄食活动反映到高营养级动物脂肪酸组成中(Iverson et al., 2004)。例如，对茎柔鱼脂肪酸组成空间差异贡献较高的C18:2n-6和C20:4n-6是大型藻类、红藻或褐藻的特征脂肪酸标志物(Napolitano et al., 1997; Kharlamenko et al., 2001; 李宪璀等，2002)，而C22:6n-3可以指示鞭毛藻类(Pond et al., 1998; Parrish et al., 2000)。

另外，SFA是茎柔鱼重要的储能和供能脂肪酸(Turchini et al., 2003)。茎柔鱼肌肉中含量最高的SFA是C16:0，其空间异质性在一定程度上反映出各地理群体茎柔鱼对生长和繁殖能量需求的潜在差异。这在大量的茎柔鱼生物学研究中已得到验证，栖息于不同海域的茎柔鱼个体生长速率和初次性成熟胴长均存在显著差异(陈新军等，2012a; Chen et al., 2011; Liu et al., 2013)。

2.2 稳定同位素比值

方差分析(analysis of variance, ANOVA)表明，茎柔鱼各地理群体肌肉的$\delta^{13}C$和$\delta^{15}N$存在显著差异($\delta^{13}C$: $F_{2,41}=77.95$, $p<0.01$; $\delta^{15}N$: $F_{2,41}=116.06$, $p<0.01$)。中东太平洋赤道海域个体的$\delta^{13}C$(-17.60‰±0.20‰)低于来自秘鲁外海(-16.27‰±0.42‰)和智利外海的个体(-16.89‰±0.33‰)。秘鲁外海和智利外海捕获的茎柔鱼个体$\delta^{15}N$分别是12.06‰～18.80‰(13.82‰±1.37‰)和11.67‰～18.40‰(15.49‰±2.05‰)，这两个地理群体肌肉的$\delta^{15}N$显著高于中东太平洋赤道海域(8.44‰±0.69‰，范围为7.25‰～9.66‰)。从图2-3可以看出，秘鲁外海和智利外海个体的稳定同位素比值凸多边形存在一定重叠(INes=0.12)，而赤道海域的个体与其他海域无重叠(INes=0)。

茎柔鱼不同地理群体肌肉$\delta^{13}C$的空间异质性反映出其食物来源存在差异，而具有较高$\delta^{15}N$的秘鲁外海和智利外海的个体显示其处于较高的营养级。其中，中东太平洋赤道海域和智利外海个体肌肉$\delta^{15}N$的均值差为7.01‰，高于两个营养级(以$\delta^{15}N$富集度为2.75‰计算)(Caut et al., 2009)。造成稳定同位素比值空间异质性的原因可能是各地理群体海洋环境存在差异(Owens, 1988; Graham et al., 2010)。相对于初级生产力较低的离岸海域(中东太平洋赤道海域)，近岸海域一般具有较高的$\delta^{13}C$和$\delta^{15}N$，如营养盐含量较高的秘鲁寒流和上升补偿流海域(秘鲁外海和智利外海)。这种海洋环境差异会影响$\delta^{13}C$和$\delta^{15}N$的基线(baseline)值，并随食物链反映到茎柔鱼组织中(Ruiz-Cooley and Gerrodette, 2012; Li et al., 2017)。此外许多研究发现东太平洋不同海域$\delta^{13}C$和$\delta^{15}N$的基线值会随纬度发生变化。例如，在秘鲁寒流生态系统中，当纬度变化15°时，茎柔鱼肌肉的$\delta^{13}C$和$\delta^{15}N$会发生大约4.00‰

和 8.00‰的变化（Argüelles et al.，2012）。虽然本研究茎柔鱼肌肉稳定同位素比值存在空间差异，但秘鲁外海和智利外海个体仍存在一定重叠（图 2-3），说明单独利用稳定同位素分析并不能完全追溯全部茎柔鱼个体。

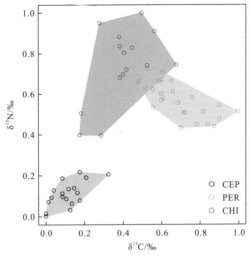

图 2-3　茎柔鱼肌肉碳、氮稳定同位素比值

CEP 为中东太平洋赤道海域；PER 为秘鲁外海；CHI 为智利外海

2.3　判　别　因　子

以 3 个地理群体茎柔鱼样品为样本单元，肌肉的 $\delta^{13}C$、$\delta^{15}N$ 和各脂肪酸含量作为逐步判别分析的输入因子。其中，脂肪酸含量仅选择 3 个地理群体含量均高于 1%的脂肪酸进行分析。SDA 结果显示有 6 个因子可用于区分茎柔鱼地理群体，即 $\delta^{15}N$、C16：1n-7 含量、C17：1n-7 含量、C18：2n-6 含量、C20：1n-9 含量和 C20：4n-6 含量，并且判别正确率达 100%（图 2-4）。

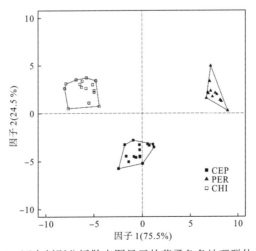

图 2-4　逐步判别分析散点图显示的茎柔鱼各地理群体分布

根据相似性分析结果，对空间异质性贡献较高的脂肪酸包括 C16：0、C18：2n-6、C20：4n-6 和 C22：6n-3，这些脂肪酸可能直接反映了各地理群体食物来源的差异。虽然对茎柔鱼必需脂肪酸种类的研究还未见报道，但在大西洋短鳍鱿鱼室内投喂实验中，Stowasser 等(2006)发现其肌肉中 C18：2n-6 和 C22：6n-3 含量与饵料中对应脂肪酸含量的关系最为密切。这两种脂肪酸可能是茎柔鱼的必需脂肪酸，并能体现出食物来源的空间差异(Sargent et al.，1995)。这与茎柔鱼的食性分析结果一致。Alegre 等(2014)对秘鲁海域茎柔鱼胃含物研究后发现，其主要摄食其他头足类和灯笼鱼类，而智利外海采集的茎柔鱼胃含物中鱼类的比例超过 80%，头足类极少(Pardo-Gandarillas et al.，2014)。虽然有关中东太平洋赤道海域茎柔鱼食物组成的研究还未见报道，但中东太平洋赤道海域样品的脂肪酸组成反映出其与其他两个地理群体食物来源的潜在差异。本结果也说明了不同地理群体茎柔鱼食物来源的复杂性，以及脂肪酸分析方法在其食性研究中的潜在价值。

逐步判别分析结果表明，脂肪酸和稳定同位素分析相结合可以较好地追溯茎柔鱼捕捞地理群体，并具有极高的正确率。这与其他研究将两种方法结合的效果相一致。Thomas 等(2008)利用脂肪酸和稳定同位素分析判断了野生和饲养的大西洋鲑鱼(*Salmo salar*)地理来源，研究发现胆碱(choline)的 $\delta^{15}N$ 和脂类的 $\delta^{18}O$ 可以用于追溯鲑鱼的来源，而脂肪酸组成的区分效果较低。Zhang 等(2017)通过测定仿刺参(*Apostichopus japonicus*)体壁的脂肪酸组成和稳定同位素比值对其进行了地理溯源，结果表明单独利用 $\delta^{13}C$ 和 $\delta^{15}N$ 无法划分地理来源，结合脂肪酸组成信息后可以准确追溯全部的海参样品。本研究也发现两种方法相结合可以提高地理溯源的正确性。C20：4n-6 是判别茎柔鱼地理来源的主要因子之一，而 Stowasser 等(2006)对大西洋短鳍鱿鱼的室内投喂实验研究发现其与投喂的食物无明显关系。这可能是由于不同头足类种类对合成、吸收和保留不同脂肪酸的能力存在差异，而茎柔鱼相对于大西洋短鳍鱿鱼具有极高的生长和新陈代谢速率(Jackson et al.，1997)。

2.4 小　　结

本章通过测定东太平洋 3 个地理群体的茎柔鱼肌肉脂肪酸和稳定同位素比值，分析了各地理群体茎柔鱼肌肉脂肪酸组成和稳定同位素比值的特点和差异。结果表明，茎柔鱼肌肉脂肪酸组成和稳定同位素比值均存在空间差异，这种空间异质性可能与各地理群体海洋环境、食物来源和个体能量需求差异有关。研究结果也说明了脂肪酸和稳定同位素分析在追溯茎柔鱼来源、判别地理群体等方面是可行的，是一种重要的分析手段。

第 3 章 茎柔鱼营养生态位的性别特异性

对具有集群性的物种,雌、雄个体可通过不同的栖息地利用方式来降低种内竞争,进而出现营养生态位分化现象(Bearhop et al., 2006)。一般来说,该现象与雌雄形态二态性、群体组成和营养需求差异有关(Ruckstuhl and Neuhaus, 2002)。目前,对雌、雄营养生态位分化的研究主要围绕脊椎动物,对无脊椎动物的研究还较少,尤其是具有重要经济价值和生态地位的大洋性头足类。传统的摄食生态学分析方法较难分析茎柔鱼雌、雄个体的食性差异,这是因为头足类具有特殊的摄食行为,其摄食的食物必须通过脑部中间的狭窄食道。因此,任何大小的食物都会被其角质颚和齿舌切割成较小的碎片(Clarke, 1996; Hanlon and Messenger, 1996),这些残留的食物碎片会影响学者对食物组成的判断。此外,头足类会抛弃较大鱼类的头部或其他较大的硬组织,进而可能使研究人员低估某些大个体食物出现的频率(Field et al., 2007; Stewart et al., 2013)。

茎柔鱼内壳是由几丁质和蛋白质分子构成的稳定角质结构,该结构的生长发育具有不可逆性,且生长贯穿整个生活史,从而可以包含其生活史中的全部信息。内壳连续切割片段的碳、氮稳定同位素分析可揭示茎柔鱼在不同生活史时期的摄食习性和栖息地变化(Ruiz-Cooley et al., 2010)。氨基酸特定化合物稳定同位素分析是一项研究海洋食物网的新技术,被认为可准确估算海洋生物的营养级(Chikaraishi et al., 2009)。在生态系统中,苯丙氨酸(phenylalanine, Phe)、赖氨酸(lysine, Lys)和甘氨酸(Gly)等氨基酸被称为"源"氨基酸,可用于确定食物网 $\delta^{15}N$ 的基线值和生物溯源(Chikaraishi et al., 2009)。"营养"氨基酸的 $\delta^{15}N$ 在各营养级间存在显著富集,包括谷氨酸(glutamic acid, Glu)、丙氨酸(alanine, Ala)和亮氨酸(leucine, Leu)等(Mcclelland and Montoya, 2002)。因此,本章通过结合茎柔鱼内壳整体(bulk)和特定化合物稳定同位素比值及其主要摄食器官的形态数据,分析茎柔鱼雌、雄个体在生活史早期发育过程中摄食器官形态差异和食性变化模式,结合胴体与性腺状态指数分析茎柔鱼营养生态位的潜在性别差异。

茎柔鱼样品采自 2013~2015 年在秘鲁外海作业的商业鱿钓渔船渔获物(图3-1)。样品经冷冻保存后运送至实验室。对解冻后的样品测量胴长(mantle length, ML)和体质量(BW),分别精确至 1mm 和 1g。解剖后记录性腺的湿重,精确至 1g。从茎柔鱼胴体和头部分别取出内壳和角质颚,在超声波清洗机中使用超纯水洗涤 5min。此外,取出的耳石放入酒精中保存,用于后续年龄鉴定。

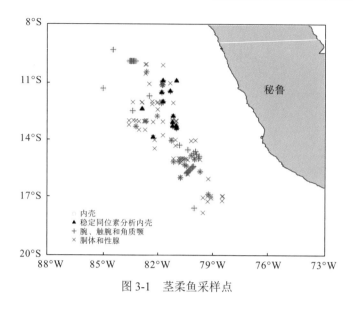

图 3-1 茎柔鱼采样点

3.1 雌、雄个体摄食器官形态差异

共测量 258 尾茎柔鱼（表 3-1）腕足和触腕的 6 个形态学参数（图 3-2），分别是 4 条腕足（arm，A1～A4）长度、触腕长（tentacle length，TL）和触腕穗长（tentacular club length，CL）。使用游标卡尺测量对应个体角质颚的 8 个形态学参数（图 3-2），包括上头盖长（upper hood length，UHL）、上脊突长（upper crest length，UCL）、上喙长（upper rostrum length，URL）、上翼长（upper wing length，UWL）、下头盖长（lower hood length，LHL）、下脊突长（lower crest length，LCL）、下喙长（lower rostrum length，LRL）和下翼长（lower wing length，LWL）（Liao et al.，2010；Fang et al.，2015）。

表 3-1 茎柔鱼样品基础生物学数据

组织（器官）	样本量（雌，雄）/尾	采样日期	采样区域	胴长/mm	体质量/g
内壳	171(125，46)	2013 年 7～10 月	79°57′～83°24′W 10°54′～15°09′S	27.2±3.6 20.9～39.6	575.5±361.6 225.0～647.0
	85(52，33)	2014 年 2～9 月	74°57′～83°13′W 10°26′～26°40′S	27.9±7.1 19.1～48.5	749.4±705.6 177.0～3361.0
	99(56，43)	2015 年 6～9 月	79°45′～85°03′W 9°16′～15°48′S	28.1±6.0 20.7～49.0	712.8±626.7 225.0～3095.0
角质颚	123(76，47)	2013 年 7～10 月	79°57′～83°24′W 10°54′～15°09′S	27.2±3.6 20.9～39.1	576.9±268.1 268.0～1647.0
	58(36，22)	2014 年 4～5 月	74°57′～83°13′W 10°26′～26°40′S	27.9±7.5 19.2～48.5	851.1±773.0 234.0～3361.0
	81(45，36)	2015 年 6～9 月	79°45′～85°03′W 9°16′～15°48′S	28.6±6.4 20.7～49.0	759.0±680.6 225.0～3095.0
胴体和性腺	336(284，52)	2013 年 7～10 月	79°57′～83°24′W 10°54′～15°09′S	27.1±3.3 20.9～38.8	576.0±251.0 207.0～2647.0
	849(548，301)	2014 年 2～9 月	74°57′～83°36′W 10°26′～26°40′S	27.7±5.9 18.0～57.5	719.9±723.3 206.0～4851.0

注：数值以均值±标准偏差、数值范围表示。

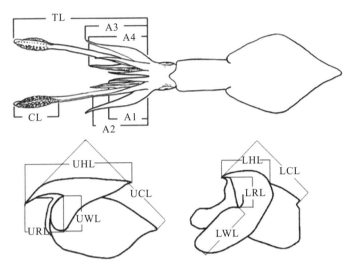

图 3-2 茎柔鱼腕足、触腕和角质颚形态学参数

注：A1~A4 为 4 条腕足的长度；TL 为触腕长；CL 为触腕穗长；UHL 为上头盖长；UCL 为上脊突长；URL 上喙长；UWL 为上翼长；LHL 为下头盖长；LCL 为下脊突长；LRL 为下喙长；LWL 为下翼长

利用主成分分析确定腕足、触腕和角质颚形态变化的主要形态学参数。为了更加准确地分析摄食器官和组织形态的性别差异，利用协方差分析（analysis of covariance，ANCOVA）进行检验，以主成分分析选出的主要形态学参数作为因变量，内壳长（gladius length，GL）为协变量，性别为分组变量。该检验可以反映相同个体大小时雌、雄摄食器官和组织是否存在显著的形态差异。以上统计过程采用软件 SPSS 19.0 分析。

以性别为样本单元，对茎柔鱼摄食器官形态学参数进行主成分分析。有 2 个主成分初始特征值大于 1，方差累计贡献率 80.68%。共有 12 个形态学参数可以反映茎柔鱼雌、雄个体的形态学差异（A1~A4、CL、TL、UHL、UCL、URL、UWL、LHL 和 LRL）。这些形态学参数都与 GL 呈正相关关系（$r>0.67$，表 3-2）。协方差分析表明，在茎柔鱼具有相同的 GL 时（小于 33.8cm），雌性的形态学参数值高于雄性个体。

表 3-2 摄食器官或组织的形态学参数与内壳长关系的协方差分析

	雌性			雄性			ANCOVA	
	r	斜率	截距	r	斜率	截距	F	p
TL	0.81	1.00	3.08	0.73	1.20	−4.26	12.93	**
CL	0.84	0.59	−4.40	0.67	0.55	−4.83	17.82	**
A1	0.85	0.63	−3.23	0.79	0.72	−6.32	7.64	*
A2	0.91	0.71	−3.97	0.90	0.76	−6.53	23.12	**
A3	0.90	0.69	−3.08	0.90	0.75	−5.84	22.03	**
A4	0.91	0.63	−3.12	0.90	0.65	−4.67	20.75	**
UHL	0.92	0.74	−1.74	0.92	0.77	−3.65	37.46	**

续表

	雌性			雄性			ANCOVA	
	r	斜率	截距	r	斜率	截距	F	p
UCL	0.90	0.92	-2.05	0.92	0.91	-3.88	29.85	**
URL	0.88	0.26	-0.45	0.86	0.28	-1.30	14.96	**
UWL	0.78	0.22	-0.37	0.86	0.21	-0.35	11.99	**
LHL	0.63	0.21	0.07	0.87	0.18	0.50	7.50	*
LRL	0.81	0.25	-0.42	0.86	0.24	-0.48	19.40	**

注：*和**分别表示$p<0.05$和$p<0.01$。

本研究发现，内壳长相同的茎柔鱼雌、雄个体的腕足、触腕和角质颚形态存在显著差异。内壳长与胴长具有显著的正相关性，两者长度极为接近。因此，茎柔鱼雌、雄个体摄食器官在生长过程中存在差异，雌、雄个体在大小相同时，雌性主要的摄食器官要大于雄性，这种形态学差异反映出茎柔鱼雌、雄个体对食物利用方式的潜在差异(Hanlon and Messenger, 1996; Franco-Santos and Vidal, 2014)。虽然没有直接的研究表明茎柔鱼的这些器官或组织与被捕食者个体大小存在关系，但它们与头足类抓捕猎物的能力和咬合力有关(Kear, 1994; Hanlon and Messenger, 1996)。Field 等(2007)利用分位数回归分析发现，在加利福尼亚海流生态系统中茎柔鱼个体大小与其食物大小呈正相关关系，但是在加利福尼亚湾中未发现该关系，不同胴长(14.5~87.5cm)的茎柔鱼均以小型灯笼鱼类和头足类为主要食物(Markaida and Sosa-Nishizaki, 2003)。在相同海域的其他研究中，学者发现茎柔鱼的肌肉、角质颚和内壳稳定同位素比值反映出其被捕食者的营养级会随个体生长而升高(Ruiz-Cooley et al., 2006, 2010)。根据最佳觅食理论(optimal foraging theory)，捕食者会最大限度提高可获取的能量，同时最大限度降低自身的能量消耗(Macarthur and Pianka, 1966)。在茎柔鱼个体生长过程中，具有较大摄食器官的雌性茎柔鱼能够捕食个体较大或营养级较高的被捕食者，这种雌雄特异性的资源利用方式可以降低种内竞争。但是该结果与其他学者对本研究海域的茎柔鱼胃含物分析的结果不符(Rosas-Luis et al., 2016)，有学者发现茎柔鱼雌雄个体具有相同的胃含物组成，但这些研究未考虑被捕食者个体大小的差异。茎柔鱼胃含物中残留的硬组织可用于推测被捕食者的个体大小(Field et al., 2007)，但与其他海洋生物相比，头足类具有特殊的摄食行为，其所摄食的食物必须通过脑部中间的狭窄食道。因此，任何大小的食物都会被角质颚切割成较小的碎片，而这些碎片会被齿舌(radula)进一步磨碎(Hanlon and Messenger, 1996)。这些残留的食物碎片被用于胃含物分析可能影响学者对食物组成的判断，此外不同食物消化速度的差异也会造成误差，如硬组织的残留时间远大于软组织。因此，对茎柔鱼胃含物的分析可能使研究人员低估较大个体食物出现的频率(Rodhouse and Nigmatullin, 1996)。秘鲁海域的茎柔鱼具有复杂的食物来源(Lorrain et al., 2011)，这也进一步增加了利用胃含物判断茎柔鱼食物大小的困难程度。尽管如此，Markaida 和 Sosa-Nishizaki(2003)对加利福尼亚湾茎柔鱼雌、雄个体的胃含物分析后发现，食物的组成比例存在一定的差异。

3.2 稳定同位素比值和营养生态位分化

选取孵化日期和捕捞地点均相近的 25 尾茎柔鱼，根据秘鲁外海茎柔鱼内壳叶轴生长方程，每隔 10d 进行切段(图 3-3)。此外，取 43 尾(23 尾雌性和 20 尾雄性)相同海域和时间捕获个体的内壳，切割内壳叶轴初始端 5mm，以表征茎柔鱼幼体的摄食生态学信息。

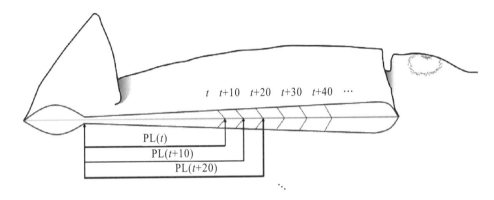

图 3-3 茎柔鱼内壳示意图

PL 为叶轴长；t 为日龄

将用超纯水清洗后的内壳片段放入冷冻干燥机，在-55℃冷冻干燥 24h，使用混合型球磨仪将片段磨成粉末。将研磨后的片段粉末包被后送入 IsoPrime 100 稳定同位素分析质谱仪测定。样品的稳定同位素组成以 δ 值表达。为保证试验结果的精度和准确度，每 10 个样品间放入 3 个实验室标准品(蛋白质：$\delta^{13}C=-26.98‰$；$\delta^{15}N=5.96‰$)校准碳、氮稳定同位素测定结果，误差为 0.05‰($\delta^{13}C$)和 0.06‰($\delta^{15}N$)。稳定同位素测定在上海海洋大学大洋渔业资源可持续开发教育部重点实验室进行。本章未特别说明的 $\delta^{15}N$ 结果均为整体稳定同位素分析。

根据内壳片段稳定同位素分析结果，使用 R 统计软件中的 SIAR 程序包绘制和计算营养生态位校准标准椭圆面积(corrected standard ellipse area，SEA_C)。通过对比茎柔鱼雌、雄个体每 20d 的 SEA_C 重叠变化，表征雌、雄个体间的营养生态位关系。

共测定 8 尾茎柔鱼(雌、雄各 4 尾)个体的 37 段内壳片段。取干燥的内壳粉末 2mg 加入配有聚四氟乙烯瓶盖的玻璃瓶，加入 0.5mL 的 HCl(6mol/L)，充入 N_2 后封口，在 150℃ 恒温干燥箱中水解 70min。样品根据 Yarnes 和 Herszage(2017)的方法进行衍生化，即氨基酸 N-乙酰基异丙酯方法。采用异亮氨酸作为内标。

氨基酸稳定同位素分析采用气相色谱仪与质谱仪。毛细管柱型号为 Agilent DB-1301(60m×0.25mm×1μm)。进样口温度为 250℃。升温程序：初始温度为 125℃，以 15℃/min 升温至 140℃，然后以 8℃/min 升温至 255℃并保持 35min。每个样品测定两遍以计算标准偏差。所有样品氨基酸 $\delta^{15}N$ 的平均标准偏差为 0.37‰。氨基酸稳定同位素测定在美国加利福尼亚州立大学戴维斯分校的稳定同位素分析实验室进行。根据以上方法共测定出 12 种氨基酸的 $\delta^{15}N$，包括 6 种"营养"氨基酸[Tro-AA：Ala、天冬氨酸(aspartic acid，Asp)、Glu、Leu、脯氨酸(proline，Pro)和缬氨酸(valine，Val)]，6 种"源"氨基酸[Src-AA：Gly、蛋氨酸(methionine，Met)、Lys、Phe、丝氨酸(serine，Ser)和苏氨酸(threonine，Thr)]。但是最新的研究发现，Gly、Ser 和 Thr 在各营养级间存在一定的富集现象，其不再符合"源"氨基酸的定义(Nielsen et al., 2015; Mcmahon and Mccarthy, 2016)，因此这三种氨基酸的测定结果不包含在后续的统计中。

基于氨基酸的 $\delta^{15}N$ 计算茎柔鱼雌、雄个体的相对营养级(relative trophic level) (Choy et al., 2015)，即前文提到的 6 种 Tro-AA 和 3 种 Src-AA 的均值差：

$$\Delta\delta^{15}N_{Tro-Src} = \text{mean } \delta^{15}N_{Tro-AAs} - \text{mean } \delta^{15}N_{Src-AAs} \qquad (3-1)$$

为了验证茎柔鱼 $\delta^{15}N$ 的变化是否与 $\delta^{15}N$ 基线或营养级有关，对内壳 $\delta^{15}N$ 与 $\delta^{15}N_{Phe}$、Src-AA 均值和两种相对营养级指数进行线性回归分析。

茎柔鱼内壳的稳定同位素分析结果如表 3-3 和图 3-4 所示。雌、雄个体具有相近的胴长和日龄(雌性：30.3±2.9cm 和 220±22d，雄性：28.4±2.3cm 和 214±17d；ANOVA，胴长：$F_{1,23}=0.55$，$p=0.46$，日龄：$F_{1,23}=3.34$，$p=0.08$)。25 尾茎柔鱼共切割出 232 段内壳片段。对于大部分的茎柔鱼个体，其内壳 $\delta^{13}C$ 和 $\delta^{15}N$ 随内壳长和日龄增长都呈下降趋势(图 3-4)。2013 年和 2014 年内壳稳定同位素比值无显著差异(ANOVA，$\delta^{13}C$：$F_{1,230}=0.367$，$p=0.55$；$\delta^{15}N$：$F_{1,230}=0.002$，$p=0.96$)。但是，2014 年雌性个体的 $\delta^{15}N$ 显著高于 2013 年雌性(ANOVA，$F_{1,149}=75.26$，$p<0.01$)，而雄性个体无年间差异(ANOVA，$F_{1,115}=3.508$，$p=0.06$)。雌、雄个体的 $\delta^{13}C$ 分别为-17.34‰±0.76‰和-17.47‰±0.64‰，无显著差异(ANOVA，$F_{1,231}=2.07$，$p=0.15$)，但其 $\delta^{15}N$ 存在显著差异，雄性具有较大的 $\delta^{15}N$ 范围，且雄性的 $\delta^{15}N$ 在本研究生活史过程小于雌性个体(雌性为 11.82‰±1.95‰，雄性为 9.95‰±2.18‰，ANOVA，$F_{1,231}=47.06$，$p<0.01$)。

表 3-3 用于稳定同位素分析的茎柔鱼个体生物学指标和内壳稳定同位素值

序号	采样点	采样时间(年/月/日)	日龄/d	体质量/g	胴长/cm	性别	$\delta^{13}C$ 均值	$\delta^{13}C$ 标准偏差	$\delta^{15}N$ 均值	$\delta^{15}N$ 标准偏差
1	81°21'W、11°27'S	2013/08/25	258	987	33.4	F	-16.87	0.67	9.51	0.84
2	81°45'W、10°54'S	2013/08/18	190	496	26.6	F	-17.65	0.11	10.17	0.10
3	81°45'W、12°00'S	2013/08/09	242	843	30.8	F	-17.27	0.36	12.43	1.01
4	81°11'W、12°46'S	2013/09/19	198	467	26.6	F	-18.12	0.46	12.19	0.46
5*	81°49'W、11°31'S	2013/09/15	231	1090	33.8	F	-17.38	0.23	11.32	0.85
6*	81°49'W、11°31'S	2013/09/15	251	1229	35.4	F	-16.81	0.68	10.84	1.78
7	81°45'W、10°54'S	2013/08/18	200	587	28.0	F	-16.64	0.86	11.06	1.27

续表

序号	采样点	采样时间 (年/月/日)	日龄/d	体质量/g	胴长/cm	性别	δ^{13}C 均值	δ^{13}C 标准偏差	δ^{15}N 均值	δ^{15}N 标准偏差
8*	82°53′W、12°23′S	2014/08/21	215	661	28.1	F	−17.22	0.44	10.43	2.15
9	79°42′W、15°42′S	2014/06/12	221	910	31.3	F	−17.99	1.08	13.48	0.56
10	80°00′W、15°03′S	2014/06/08	208	743	29.0	F	−17.23	0.51	13.96	1.37
11	80°43′W、15°10′S	2014/06/16	220	855	31.5	F	−17.10	0.92	12.27	0.80
12*	80°27′W、15°24′S	2014/06/24	203	678	29.6	F	−17.28	0.57	14.56	1.54
13	81°00′W、13°25′S	2013/09/03	195	483	26.0	M	−17.72	0.65	10.89	0.58
14	81°00′W、13°25′S	2013/09/03	185	410	24.9	M	−18.24	0.26	10.09	0.51
15	81°01′W、13°17′S	2013/08/30	186	441	25.4	M	−17.66	0.16	11.69	1.03
16	82°17′W、13°53′S	2014/08/18	210	768	26.7	M	−17.90	0.43	9.91	1.67
17	82°17′W、13°53′S	2014/08/18	240	864	30.2	M	−16.96	0.29	10.23	1.44
18	82°17′W、13°53′S	2014/08/18	206	643	27.9	M	−17.40	0.45	10.09	2.59
19*	82°53′W、12°23′S	2014/08/21	214	925	28.6	M	−17.89	0.58	9.21	2.27
20	82°53′W、12°23′S	2014/08/21	225	819	31.4	M	−17.23	1.07	8.98	2.07
21*	82°53′W、12°23′S	2014/08/21	234	985	32.8	M	−17.43	0.62	12.54	2.70
22*	82°53′W、12°23′S	2014/08/21	224	703	29.6	M	−17.12	0.74	8.11	1.38
23*	82°53′W、12°23′S	2014/08/21	220	641	29.0	M	−17.51	0.32	7.68	0.47
24	82°53′W、12°23′S	2014/08/21	226	811	29.1	M	−17.54	0.63	12.29	1.27
25	82°17′W、13°53′S	2014/08/18	216	725	28.2	M	−17.17	0.25	9.53	1.01

注：*表示用于氨基酸特定化合物稳定同位素分析的个体；F 为雌性；M 为雄性。

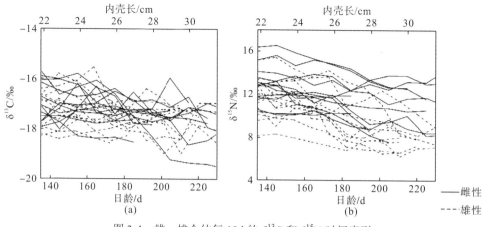

图 3-4 雌、雄个体每 10d 的 $\delta^{13}C$ 和 $\delta^{15}N$ 时间序列

在本研究的 6 个日龄阶段，茎柔鱼雌雄个体的营养生态位随时间都表现出波动（表 3-4，图 3-5）。此外，雌、雄个体营养生态位重叠面积与日龄呈显著的负相关关系（$r = -0.84$，$p < 0.01$）。

表 3-4 茎柔鱼雌、雄个体营养生态位面积

日龄组	SEA_C/‰²		SEA_C 重叠面积/‰²	SEA_C 重叠面积比例/%	
	雌性	雄性		雌性	雄性
胚胎（幼体）阶段	3.22	3.54	2.60	80.75	73.45
130～150d	3.55	4.17	1.49	41.97	35.73
150～170d	3.74	3.78	1.82	48.66	48.15
170～190d	3.06	3.26	1.07	34.97	32.82
190～210d	4.12	3.46	1.16	28.16	33.53
210～230d	4.43	2.54	0.01	0.23	0.39

对比雌、雄个体营养生态位发现，其从生活史早期相似的营养生态位变化为具有较小的营养生态位重叠面积（表 3-4，图 3-5）。作为一种贪婪的捕食者，茎柔鱼的种内竞争可能随其个体的快速生长而逐渐强烈。一般来说，捕食者可以通过分配食物来缓解种内竞争（Dayan and Simberloff，2005）。因此，本研究中营养生态位的变化也反映出当茎柔鱼体型增大时资源分配更加明显。这种模式表明雌、雄个体可以在相同空间中通过捕食不同物种或不同个体大小的相同物种来维持各自在群体中的功能地位。该结果与其摄食器官随个体生长逐渐增大的形态差异相一致，但这个因素并不能完全解释图 3-5 中的营养生态位的重叠部分，尽管在这些日龄段也存在形态差异。

除了雌、雄个体的形态差异，营养需求是另一个引起雌、雄分化的潜在因素。事实上，学者已经发现雌性和雄性头足类具有不同的营养需求，而这种差异来自雌、雄个体在不同生活史阶段生长和繁殖的能量分配差异（Steer and Jackson，2004；Lin et al.，2015）。该差异可能导致了茎柔鱼雌、雄个体营养生态位的阶段性变化，因为内壳叶轴片段的稳定同位素比值可以反映不同性成熟阶段的摄食信息。

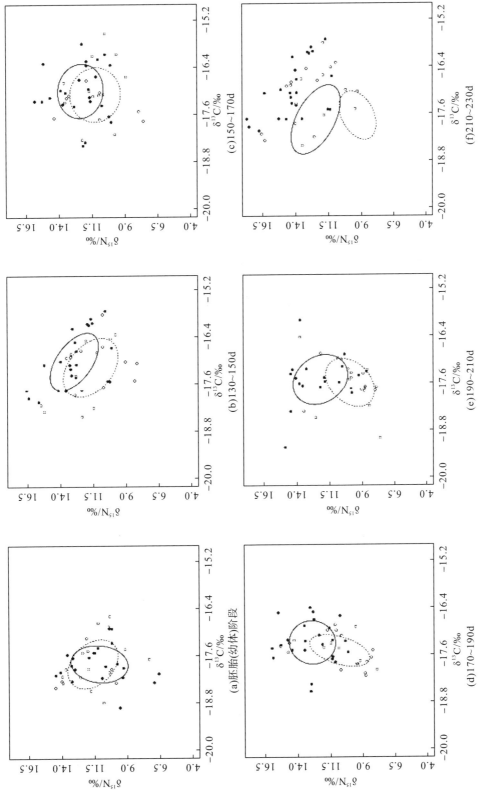

图3-5 雌性（实线）和雄性（虚线）个体各阶段营养生态位

3.3 氨基酸氮稳定同位素比值

茎柔鱼雌、雄个体氨基酸的 $\delta^{15}N$ 分别为 3.25‰～32.01‰和 1.89‰～30.23‰。基于 AA-CSIA 的相对营养级指数结果（$\Delta\delta^{15}N_{Tro-Src}$）与"整体"稳定同位素分析结果有一定差异。雌性的$\Delta\delta^{15}N_{Tro-Src}$高于雄性(图 3-6)，但在 180～190d 无显著差异。此外，内壳的 $\delta^{15}N$ 与 $\delta^{15}N_{Phe}$ 有极显著的正相关关系($r=0.80$，$p<0.01$)，而与$\Delta\delta^{15}N_{Glu-Phe}$的线性关系较弱($r=0.36$，$p=0.03$)。

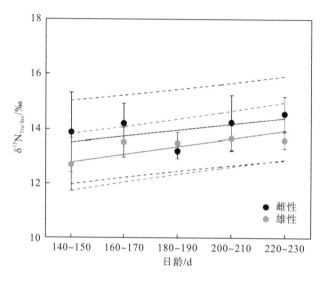

图 3-6 雌、雄个体相对营养级(均值±标准偏差)的时间变化

3.4 性腺发育过程中的能量分配

为了分析各性成熟度雌、雄个体的性腺和胴体发育状况，基于 1166 尾茎柔鱼性腺或胴体的质量和形态数据分别计算其状态指数(Peig and Green，2009)：

$$W_i^* = W_i \left(\frac{ML_0}{ML_i}\right)^{b_{SMA}} \quad (3-2)$$

式中，W_i^* 为个体 i 运用公式转换后的性腺或胴体质量；W_i 和 ML_i 为个体 i 性腺或胴体质量、胴长的实际测量值；ML_0 为所分析群体胴长的算术平均值；b_{SMA} 根据 lnW、lnML 和以下公式计算。

$$\ln W = \ln a + b_{OLS} \ln ML \quad (3-3)$$
$$b_{SMA} = b_{OLS}/r$$

式中，W 为性腺或胴体质量；ML 为胴长；a 为常数；b_{OLS} 和 r 分别为 lnW 和 lnML 的普通最小二乘回归的斜率和 Pearson 相关系数。使用单因素方差分析(ANOVA)和 Tukey post-hoc 检验对比性腺和胴体发育状态指数与性成熟度的关系。

雌、雄个体胴体和性腺在各性成熟阶段表现出不同的状态。雌性胴体的状态指数随性腺发育没有显著差异[ANOVA，$F_{2,823}=0.01$，$p=0.99$，图 3-7(a)]。而 Tukey 检验表明，雄性胴体状态指数随性腺发育存在显著差异[$F_{2,322}=9.74$，$p<0.01$，图 3-7(b)]，I 期状态指数(326.78±38.95)显著高于 II 期(307.09±39.72)和 III 期(302.74±45.30)，但后两者间没有差异。不同性别的性腺状态指数在各性成熟度间存在显著差异[图 3-7(c)和(d)]。对于雌性(ANOVA，$F_{2,823}=202.61$，$p<0.01$)，在 I 期和 II 期没有显著差异(Tukey HSD，$p=0.24$)，但两者均低于 III 期($p<0.01$)。而雄性各性成熟度的性腺状态指数呈增长趋势(ANOVA，$F_{2,322}=99.67$，$p<0.01$)。

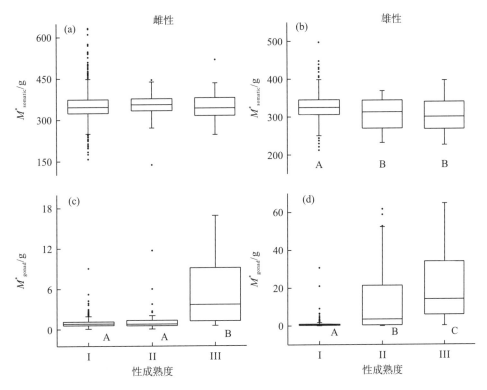

图 3-7　雌、雄个体性腺发育与胴体和性腺状态指数关系

图中 A、B 和 C 表示 Tukey 检验结果，不同字母表示组间存在显著性差异

茎柔鱼雌、雄个体对性腺发育的能量分配均随性成熟度升高而增加。雄性个体的胴体状态指数与性成熟度呈负相关关系，表明雄性在增加对性腺发育的能量分配的同时，降低了对胴体生长的能量投入。与此相反，雌性个体在满足胴体生长的同时，可以分配更多的能量用于性腺发育。相对于其他头足类，雌性茎柔鱼繁殖力极高，这也对应着较大的能量需求，而本研究中的稳定同位素和形态学分析结果印证了雌性个体可以获取更多的能量来满足性腺发育(Nigmatullin and Markaida，2009)。雌、雄个体能量需求的差异也会影响其摄食行为，同时雌性茎柔鱼可以分配更多能量用于摄食器官的生长。这种现象也出现在另一种柔鱼类(Ommastrephidae)，即北太平洋柔鱼(*Ommastrephes bartramii*)(Fang et al.,

2017)。摄食器官的雌雄差异体现了茎柔鱼为满足能量需求的适应能力，但考虑到茎柔鱼个体生长易受环境变化的影响，本研究结果是否会出现在大个体茎柔鱼中或其他地理群体还有待进一步研究。

3.5 小　　结

本章结合摄食器官形态和内壳稳定同位素序列分析了茎柔鱼在特定时空范围内是否存在性别分化。结果表明，茎柔鱼雌、雄个体营养模式存在差异，在其生活史过程中会出现营养生态位分化现象，这可能与摄食器官形态的性别差异、能量分配和需求差异有关。尽管仅分析了个体较小的茎柔鱼，但证明了性别分化现象会出现在其生活史过程中。下一步研究需要探究大个体茎柔鱼在生理学和摄食行为方面的雌、雄差异，以及该差异与所处栖息地环境的关系，进而更加准确地推测其完整生活史过程的食性变化和洄游模式。

第4章 茎柔鱼地理群体营养地位差异

茎柔鱼广泛分布于东太平洋的阿拉斯加至智利的海域,在赤道海域其分布范围会向西延伸(陈新军等,2012b)。研究表明,在如此广阔的分布范围内,茎柔鱼的种群结构十分复杂。目前划分其群体结构的方法有多种。有学者依据茎柔鱼胴长组成划分群体,如Nigmatullin等(2001)根据成熟期个体大小将茎柔鱼分为三个群体,但是有研究发现,茎柔鱼成熟个体的胴长组成存在较大的波动(Keyl et al.,2010)。例如,在墨西哥海域捕获的茎柔鱼个体,其初次性成熟的胴长为310~770mm(Markaida,2006),并且基于微卫星(microsatellite)的分子生物学技术也未发现这3个群体存在显著差异。与该空间分布假设不同的是,其他学者根据群体遗传结构或耳石元素特征将茎柔鱼分为北部和南部两个群体(Morales-Bojórquez and Pacheco-Bedoya,2016)。因此,对茎柔鱼群体结构的研究尚未达成共识。

茎柔鱼在生活史过程中经历不同的栖息地被认为是导致茎柔鱼群体动态变化的主要因素(Markaida,2006)。Van Der Vyver等(2016)认为,海洋生产力、海水温度、饵料丰度及洋流等海洋物理、生物和环境因素都会对茎柔鱼的群体结构产生影响。事实上,东太平洋海洋环境十分复杂,有2个低速东边界流(加利福尼亚海流和秘鲁寒流)和3个赤道流(南赤道流、北赤道洋流和赤道逆流)(Anderson and Rodhouse,2001)。

本章通过对不同地理群体茎柔鱼内壳形态进行测量,分别构建各地理群体的内壳叶轴生长方程。基于这些结果,对不同地理群体的内壳稳定同位素进行分析,结合肌肉氨基酸$\delta^{15}N$,对比不同地理群体的营养地位,分析不同群体资源利用方式的差异,并探究该差异与栖息海域环境的关系。

茎柔鱼样品通过商业鱿钓船在3个生产海域捕获,包括中东太平洋赤道海域、秘鲁外海和智利外海(图4-1,表4-1)。采集到的所有样本经冷冻运输至实验室。室温下解冻后测量胴体长度(ML)和体质量(BW),分别精确到1mm和1g。根据Lipiński和Underhill(1995)制定的方法,基于性腺的形态和颜色判断性成熟度,将其划分为Ⅰ期、Ⅱ期、Ⅲ期、Ⅳ期和Ⅴ期。从胴体背内侧的外套腔中取出内壳,放入超声波清洗机中清洗10min,清洗后用擦拭纸小心擦干内壳表面多余水分,放入塑封袋中冷藏保存。取茎柔鱼胴体漏斗锁软骨处的肌肉2cm×2cm,去除表皮,使用超纯水漂洗后放入离心管中-20℃冷冻保存。从头部取出耳石,通过包埋、研磨和抛光后制成切片,并使用显微镜在400倍下拍照,然后对耳石轮纹计数。假设耳石轮纹为一日一轮,即轮纹数为茎柔鱼日龄。

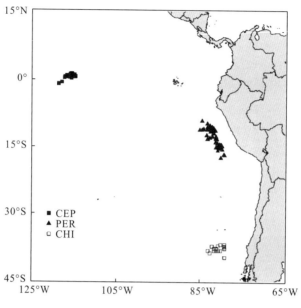

图 4-1 茎柔鱼采样点

CEP 为中东太平洋赤道海域；PER 为秘鲁外海；CHI 为智利外海

表 4-1 茎柔鱼样本生物学数据

海域	样本量(F，M)/尾	采样时间	采样区	胴长/cm	体质量/g
中东太平洋赤道海域	148(77，71)	2013 年 4~6 月	114°59′~119°00′W 1°00′~1°18′S	29.7±2.7	785.3±201.0
	51(43，8)	2014 年 4~5 月	116°00′~117°19′W 0°42′~1°18′N	32.9±3.0	1044.2±300.9
秘鲁外海	179(116，63)	2013 年 7~10 月	79°57′~83°24′W 10°54′~15°09′S	26.8±4.3	548.8±379.8
	82(49，33)	2014 年 2~9 月	74°57′~83°13′W 10°26′~17°06′S	28.1±7.3	767.9±721.3
	111(55，56)	2015 年 7~10 月	79°45′~85°03′W 10°26′~17°06′S	27.6±5.4	662.6±554.9
智利外海	94(93，1)	2015 年 11~12 月	79°01′~83°00′W 37°06′~40°00′S	35.2±4.6	1388.8±579.6

4.1 内壳形态

根据图 4-2 测量内壳尾锥长(cones length，CL)和叶轴长(proostracum length，PL)，测量精确至 0.1cm。实验中内壳形态测定由同一组研究人员完成。为分析茎柔鱼 PL 和日龄(t)的关系，使用了 4 种生长函数模型，包括 1 种线性方程和 3 种非线性方程：

$$\text{线性方程：} PL_t = a+bt \tag{4-1}$$

$$\text{指数方程：} PL_t = ae^{bt} \tag{4-2}$$

$$\text{幂函数方程：} PL_t = at^b \tag{4-3}$$

逻辑斯谛生长方程：$\mathrm{PL}_t = \dfrac{\mathrm{PL}_\infty}{1+\mathrm{e}^{-k(t-t_0)}}$ （4-4）

图 4-2 茎柔鱼内壳

通过比较不同生长函数方程的相关系数（r^2）和赤池信息量准则（akaike information criterion，AIC）值选择最适生长方程。AIC 值用下列公式计算：

$$\mathrm{AIC}=-2\times\ln z+2k+2k\times(k+1)/(n-k-1)$$ （4-5）

式中，k 为参数的数量；n 为样品的数量；z 为最小剩余平方和。选择具有最小 AIC 值和最大 r^2 的方程为最适生长方程，若 2 个模型的 AIC 差值在 2 个单位内均属于最适生长方程，在 4~7 个单位间的模型表示较为合适，大于 10 个单位的模型被认为不适合作为生长方程。

3 个地理群体的 CL/PL 存在显著差异。秘鲁外海个体的 CL/PL 均值为 0.241，低于中东太平洋赤道海域（0.255）和智利外海（0.251）的样品，但后者间无显著差异。

在 697 尾已测定内壳叶轴长的个体中，共有采集自 3 个地理群体的 410 尾茎柔鱼的耳石用于日龄鉴定。其中，中东太平洋赤道海域内壳叶轴长为 17.3~32.3cm，秘鲁外海内壳叶轴长为 17.0~37.4cm，而智利外海内壳叶轴长为 24.6~36.3cm。假设耳石轮纹为一日一轮，实验中中东太平洋赤道海域茎柔鱼的日龄为 140~242d，秘鲁外海茎柔鱼的日龄为 126~413d，智利外海茎柔鱼的日龄为 116~274d。各地理群体的叶轴长和日龄间均具有极显著的线性关系（$p<0.01$）。

对于中东太平洋赤道海域群体，4 个生长模型中，幂函数方程的 r^2 最大，且 AIC 值与线性方程差值在 2 个单位内，因此选择其作为中东太平洋赤道海域茎柔鱼内壳叶轴的生长方程。因为缺少日龄小于 140d 的样本，所以仅对出生 140d 以后的茎柔鱼叶轴部分沿"V"形生长纹切段。

对于秘鲁外海群体，在 4 个生长模型中，逻辑斯谛生长方程的 r^2 最大，AIC 值最小，是秘鲁外海茎柔鱼内壳叶轴的最适生长方程。本研究中日龄最低的个体为 126d，所以秘鲁外海茎柔鱼内壳叶轴从 130d 的位置开始进行连续切割。

对于智利外海群体，线性方程的 r^2 最大，且 AIC 值最小，因此选择其对内壳叶轴进行连续切割。由于实验中智利外海茎柔鱼日龄最低的个体为 116d，因此该群体内壳叶轴从 120d 的位置开始进行连续切割。

形态学上内壳主要由尾锥和叶轴组成（图 4-2）。茎柔鱼内壳的尾锥位于鳍之间。解剖学研究发现，包裹尾锥的囊壳连接着鳍软骨，而该软骨又与鳍部肌肉相连（Young and Vecchione，1996）。虽然茎柔鱼主要通过喷水的方式运动，但其鳍作为运动器官，可以帮助机体控制方向。因此，茎柔鱼内壳尾锥的生长可能与外在水动力环境有关，即在茎柔鱼游动过程中，其尾锥可以起支撑鳍的作用，而较长的尾锥能提供更强的支撑以适应流速较大的环境，本研究中中东太平洋赤道海域和智利外海茎柔鱼个体相对较高的 CL/PL 也验证了这一结果。此外，与低速游泳的头足类相比，柔鱼类的内壳形态被认为是为了适应其高速喷水推进的模式。

茎柔鱼广泛分布于东太平洋，具有复杂的种群结构。各国学者对不同海域的个体研究发现，其年龄结构、生长速率和繁殖均存在空间异质性(Sandoval-Castellanos et al., 2007；Chen et al., 2011；陈新军等, 2012b)。这种差异也出现在茎柔鱼硬组织结构中，Liu 等(2015b)报道了茎柔鱼角质颚形态的空间差异，认为这种异质性是个体所处海域的海洋环境不同而产生的表现型反应(Van Der Vyve et al., 2016)。考虑到 3 个地理群体所处海域的环境，内壳形态的差异也可能与之相关。海水温度是茎柔鱼生长的主要影响因子之一(Arkhipkin et al., 2014)。中东太平洋赤道海域茎柔鱼个体主要受赤道暖流和赤道逆流影响，且具有较高的光照强度，海水温度较高。秘鲁和智利外海主要受向北流动的秘鲁寒流影响，并伴随着较强的上升补偿流，海水温度较低。由于所处纬度较高，智利外海水温最低。叶轴是茎柔鱼内壳的主要结构，其长度占内壳长的 75%左右(图 4-2)，叶轴的经向生长可以更好地满足茎柔鱼胴体和内部器官的生长。水温较高的海域可能更适合内壳叶轴生长，如秘鲁外海茎柔鱼个体相比智利外海茎柔鱼个体具有较小的 CL/PL。但是，栖息于较高海水温度的中东太平洋赤道海域茎柔鱼个体未观察到较高的 CL/PL，这可能与茎柔鱼个体生长的另一个限制因子有关，即食物丰富度(Chen et al., 2013；Liu et al., 2013)。营养盐丰富的秘鲁寒流和上升流可为秘鲁外海和智利外海提供充足的食物来源，而中东太平洋赤道海域靠近太平洋中部，营养盐相对贫瘠。

4.2 稳定同位素时间序列

选取来自 3 个地理群体的 34 尾茎柔鱼个体的内壳进行稳定同位素分析。根据各地理群体茎柔鱼内壳叶轴的生长方程沿"V"形生长纹每隔 10d 进行切段(图 3-3)。将用超纯水清洗后的内壳片段放入冷冻干燥机，在-55℃干燥 24h，使用混合型球磨仪将内壳片段磨成粉末。内壳样品稳定同位素分析所使用的仪器和标准品与 2.2.3 节中的一致，实验在上海海洋大学大洋渔业资源可持续开发教育部重点实验室进行。

因为每个内壳片段可记录茎柔鱼 10d 的生长信息，所以每个内壳片段的 $\delta^{13}C$ 和 $\delta^{15}N$ 可以表示 10d 内茎柔鱼的摄食信息，根据日龄数据绘制出稳定同位素的时间序列。此外，将各地理群体共有日龄段(140～220d)的 $\delta^{13}C$ 和 $\delta^{15}N$ 分别归为一组，用 R 语言中 SIAR 程序包的标准椭圆校准面积(SEA_C)来分析各地理群体茎柔鱼营养生态位宽度和重叠比例。

选取个体大小相近的 24 尾茎柔鱼的肌肉进行氨基酸稳定同位素分析，各地理群体均为 8 尾(表 4-2)。使用超纯水清洗肌肉样品，放入冷冻干燥机，在-55℃干燥 24h，并用混合型球磨仪将样品研磨成粉末。

表 4-2 用于肌肉氨基酸氮稳定同位素分析的茎柔鱼采样区和基础生物学参数

	中东太平洋赤道海域	秘鲁外海	智利外海
采样时间	2013 年 4~6 月	2015 年 9 月	2015 年 11 月
采样区	115°45′~119°00′W 1°11′N~1°00′S	79°45′~80°21′W 14°53′~15°22′S	79°00′~83°00′W 37°06′~38°30′S
胴长/cm	33.8 ± 0.9	28.9 ± 6.5	34.4 ± 0.7
日龄/d	208 ± 9	202 ± 29	225 ± 9

肌肉样品酸化水解和氨基酸衍生化方法同 3.2.4 节，氨基酸稳定同位素测定在美国加利福尼亚州立大学戴维斯分校的稳定同位素分析实验室进行。根据式(3-1)计算各地理群体茎柔鱼的相对营养级。

实验共选取 3 个地理群体的 32 尾茎柔鱼个体的内壳进行稳定同位素分析，中东太平洋赤道海域、秘鲁外海和智利外海分别采集 12 尾、13 尾和 7 尾(表 4-3)。共测定 253 段内壳片段，其中最长的一根内壳切割为 15 段。内壳稳定同位素测定结果如表 4-3 所示。

表 4-3 用于稳定同位素分析的茎柔鱼个体生物学指标和内壳稳定同位素值

海域	采样点	采样时间	体质量/g	胴长/cm	性别	$\delta^{13}C$/‰ 均值	$\delta^{13}C$/‰ 标准偏差	$\delta^{15}N$/‰ 均值	$\delta^{15}N$/‰ 标准偏差
中东太平洋赤道海域	115°14′W、1°00′N	2013/06/07	785	29.9	F	−18.64	0.16	4.93	0.33
	116°24′W、0°28′N	2013/05/18	905	31.2	F	−18.58	0.14	6.21	0.42
	115°56′W、0°13′N	2013/05/14	650	27.7	F	−18.79	0.22	4.22	0.32
	116°10′W、1°00′N	2013/05/13	1555	36.8	F	−18.35	0.26	4.59	0.46
	116°18′W、0°39′N	2013/06/02	996	31.8	F	−18.64	0.15	5.11	0.44
	115°49′W、0°36′N	2013/05/15	916	30.6	F	−18.67	0.13	5.37	0.10
	115°45′W、1°11′N	2013/05/04	812	30.1	M	−18.37	0.10	5.48	0.32
	116°14′W、0°38′N	2013/05/31	1270	35.2	M	−18.22	0.15	5.49	0.28
	116°24′W、0°28′N	2013/05/18	750	29.8	M	−18.94	0.08	4.50	0.12
	116°24′W、0°28′N	2013/05/18	739	29.2	M	−18.86	0.08	4.88	0.14
	117°17′W、0°36′N	2013/05/06	724	30.2	M	−18.47	0.13	3.83	0.21
	116°13′W、0°32′N	2013/05/17	751	30.1	M	−19.12	0.05	4.29	0.16
秘鲁外海	81°21′W、11°27′S	2013/08/25	987	33.4	F	−16.96	0.67	9.30	0.84
	81°45′W、10°54′S	2013/08/18	496	26.6	F	−17.65	0.11	10.17	0.10
	81°45′W、12°00′S	2013/08/09	843	30.8	F	−17.37	0.36	12.16	1.01
	82°11′W、12°46′S	2013/09/19	467	26.6	F	−18.12	0.46	12.19	0.46
	81°49′W、11°31′S	2013/09/15	1090	33.8	F	−17.38	0.23	11.32	0.85
	81°49′W、11°31′S	2013/09/15	1229	35.4	F	−17.03	0.68	10.44	1.78
	81°45′W、10°54′S	2013/08/18	587	28.0	F	−16.64	0.86	11.06	1.27
	81°00′W、13°25′S	2013/09/03	819	26.0	M	−17.72	0.65	10.89	0.58
	81°00′W、13°25′S	2013/09/03	985	24.9	M	−18.24	0.26	10.09	0.51
	81°01′W、13°17′S	2013/08/30	703	25.4	M	−17.66	0.16	11.69	1.03
	82°17′W、13°53′S	2014/08/18	641	26.7	M	−17.90	0.43	9.91	1.67
	82°17′W、13°53′S	2014/08/18	811	30.2	M	−16.96	0.29	10.23	1.44
	82°17′W、13°53′S	2014/08/18	725	27.9	M	−17.40	0.45	10.09	2.59

续表

海域	采样点	采样时间	体质量/g	胴长/cm	性别	δ^{13}C/‰ 均值	δ^{13}C/‰ 标准偏差	δ^{15}N/‰ 均值	δ^{15}N/‰ 标准偏差
智利外海	81°30'W、38°30'S	2015/11/14	1516	35.8	F	−16.76	0.13	9.01	0.39
	81°00'W、38°30'S	2015/11/15	1318	34.8	F	−17.80	0.07	7.01	0.81
	83°00'W、38°30'S	2015/11/10	903	30.9	F	−17.49	0.27	8.43	1.05
	82°00'W、37°30'S	2015/11/12	1422	35.5	F	−17.06	0.17	9.29	0.61
	81°30'W、38°00'S	2015/11/13	1182	32.0	F	−17.22	0.16	9.88	0.77
	81°30'W、38°00'S	2015/11/13	1427	34.0	F	−17.30	0.18	8.98	1.37
	79°00'W、40°00'S	2015/11/06	826	34.0	F	−16.71	0.30	11.26	1.52

注：F 为雌性；M 为雄性。

各地理群体茎柔鱼内壳的 δ^{13}C 存在显著差异 ($p<0.01$)。中东太平洋赤道海域茎柔鱼个体内壳叶轴的 δ^{13}C (−18.60‰±0.29‰，范围为−19.20‰～−17.91‰) 低于秘鲁外海 (−17.38‰±0.64‰，范围为−18.61‰～−15.72‰) 和智利外海的茎柔鱼个体 (−17.14‰±0.56‰，范围为−17.88‰～−16.20‰)。对各地理群体相同性别茎柔鱼个体的对比分析也发现了这种空间差异，捕获自中东太平洋赤道海域的茎柔鱼雌、雄个体内壳叶轴均具有较低的 δ^{13}C (图 4-3 和图 4-4)。

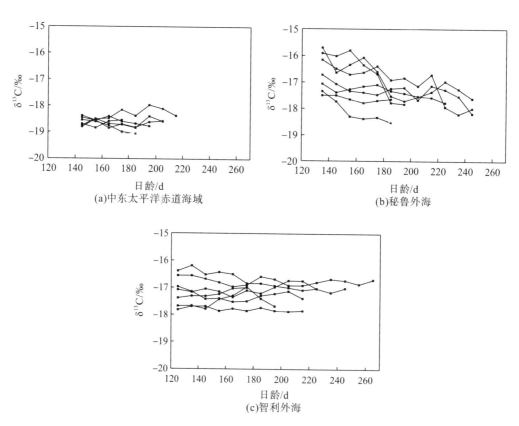

图 4-3 雌性茎柔鱼内壳叶轴的 δ^{13}C 序列

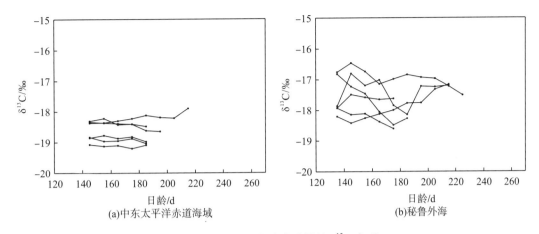

图 4-4 雄性茎柔鱼内壳叶轴的 $\delta^{13}C$ 序列

各地理群体的 $\delta^{15}N$ 存在空间差异（$p<0.01$）。秘鲁外海和智利外海捕获的茎柔鱼个体的 $\delta^{15}N$ 分别是 7.46‰~13.67‰（10.68‰±1.55‰）和 6.06‰~13.33‰（9.13‰±1.58‰），这两个地理群体茎柔鱼内壳叶轴的 $\delta^{15}N$ 显著高于中东太平洋赤道海域（4.92‰±0.70‰，范围为 3.61‰~6.73‰）。对各地理群体雌性个体的 $\delta^{15}N$ 对比发现，秘鲁外海的 $\delta^{15}N$ 最高，其次是智利外海，中东太平洋赤道海域的 $\delta^{15}N$ 最低（图 4-5 和图 4-6）。

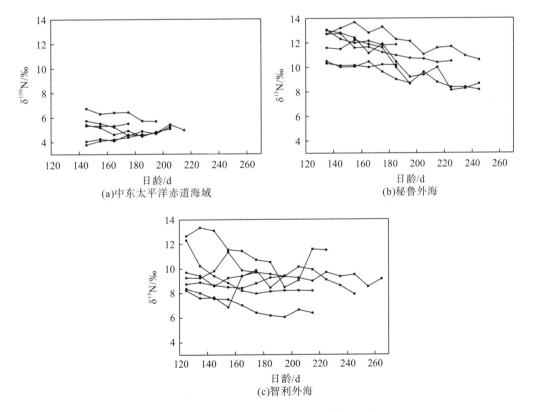

图 4-5 雌性茎柔鱼内壳叶轴的 $\delta^{15}N$ 序列

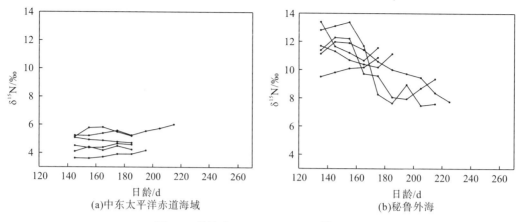

图 4-6 雄性茎柔鱼内壳叶轴的 $\delta^{15}N$ 序列

由于茎柔鱼内壳生长存在空间异质性,因此实验根据不同的生长方程对选取自 3 个地理群体的 32 尾茎柔鱼个体内壳进行连续切割取样并进行稳定同位素分析。结果显示,各地理群体内雌、雄个体间摄食均存在差异,且所有个体的稳定同位素时间序列均存在波动。这与其他学者在中东太平洋赤道近岸和离岸海域、墨西哥湾和加利福尼亚近岸海域的茎柔鱼内壳稳定同位素序列的研究结果相一致(Ruiz-Cooley et al., 2010)。这种差异表明在相近海域生活的茎柔鱼个体对栖息地的利用方式差异很大。

4.3 营养级分析

选取来自 3 个地理群体的 24 尾日龄相近的茎柔鱼肌肉进行氨基酸特定化合物氮稳定同位素分析,每个地理群体各 8 尾(表 4-2)。共测定 12 种氨基酸的 $\delta^{15}N$,包括 6 种"源"氨基酸(Met、Ser、Thr、Gly、Lys 和 Phe)和 6 种"营养"氨基酸(Ala、Glu、Leu、Pro、Val 和 Asp)。

中东太平洋赤道海域茎柔鱼肌肉的氨基酸 $\delta^{15}N$ 为 -21.17‰~26.5‰,秘鲁外海茎柔鱼肌肉的氨基酸 $\delta^{15}N$ 为 -16.20‰~33.27‰,而智利外海茎柔鱼肌肉的氨基酸 $\delta^{15}N$ 为 -26.53‰~38.73‰。各地理群体的"源"氨基酸 $\delta^{15}N$ 均显著低于"营养"氨基酸(表 4-4、图 4-7),且相同氨基酸的 $\delta^{15}N$ 也存在空间差异。

表 4-4 茎柔鱼肌肉氨基酸 $\delta^{15}N$ (均值±标准偏差)

	氨基酸	中东太平洋赤道海域 $\delta^{15}N$/‰	秘鲁外海 $\delta^{15}N$/‰	智利外海 $\delta^{15}N$/‰
	苏氨酸	-19.85 ± 1.48^a	-13.04 ± 2.03^b	-20.08 ± 3.49^a
	甘氨酸	-5.46 ± 0.26^a	1.11 ± 1.03^b	-3.27 ± 3.81^a
"源"氨基酸	赖氨酸	0.97 ± 0.66^a	8.20 ± 0.87^b	9.49 ± 2.55^b
	苯丙氨酸	1.28 ± 1.28^a	7.11 ± 1.01^b	7.99 ± 2.86^b
	蛋氨酸	7.75 ± 0.44^a	14.23 ± 1.00^b	18.39 ± 3.21^c
	丝氨酸	6.14 ± 0.78^a	10.20 ± 1.39^b	10.53 ± 3.64^b

续表

	氨基酸	中东太平洋赤道海域 $\delta^{15}N$/‰	秘鲁外海 $\delta^{15}N$/‰	智利外海 $\delta^{15}N$/‰
"营养"氨基酸	天冬氨酸	16.26 ± 0.69^a	22.34 ± 0.99^b	25.84 ± 2.83^c
	脯氨酸	16.63 ± 0.88^a	23.70 ± 1.11^b	30.69 ± 2.43^c
	丙氨酸	23.82 ± 0.98^a	31.36 ± 1.22^b	33.83 ± 3.59^b
	谷氨酸	21.31 ± 0.78^a	27.49 ± 1.13^b	32.85 ± 3.13^c
	亮氨酸	22.30 ± 1.50^a	29.83 ± 1.15^b	35.56 ± 3.31^c
	缬氨酸	23.82 ± 1.58^a	30.89 ± 1.69^b	36.02 ± 2.70^c

注：具有不同字母（a、b 或 c）的列数据表示存在显著差异。

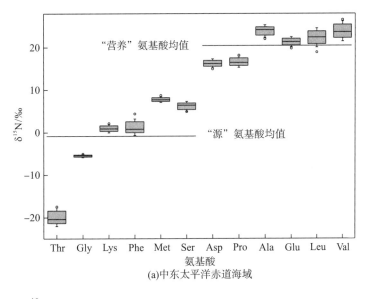
(a) 中东太平洋赤道海域

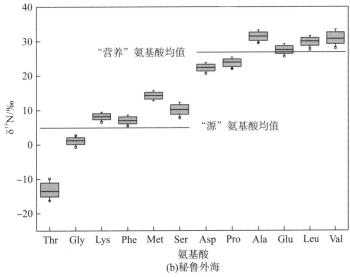
(b) 秘鲁外海

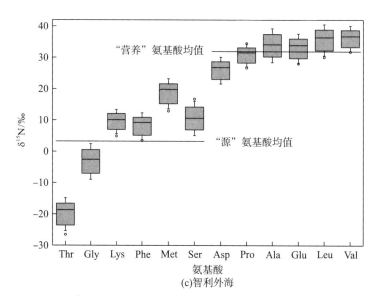

(c)智利外海

图 4-7 茎柔鱼肌肉氨基酸 $\delta^{15}N$

苏氨酸为 Thr；甘氨酸为 Gly；赖氨酸为 Lys；苯丙氨酸为 Phe；蛋氨酸为 Met；丝氨酸为 Ser；天冬氨酸为 Asp；脯氨酸为 Pro；丙氨酸为 Ala；谷氨酸为 Glu；亮氨酸为 Leu；缬氨酸为 Val

基于式(3-1)计算茎柔鱼个体的相对营养级指数。各地理群体的 $\Delta\delta^{15}N_{Tro-Src}$ 存在显著差异（$p<0.01$）。智利外海个体相对营养级指数（20.51±0.87‰）显著高于中东太平洋赤道海域（17.35±0.84‰）和秘鲁外海的个体（17.75±0.36‰），且后两者无显著差异（$p>0.05$）（图 4-8）。

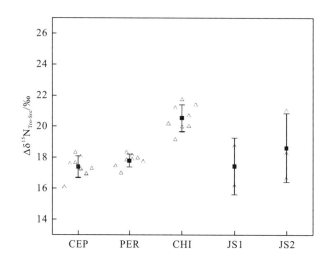

图 4-8 茎柔鱼相对营养级指数（均值±标准偏差）

CEP 为中东太平洋赤道海域；PER 为秘鲁外海；CHI 为智利外海；
JS1、JS2 分别为 Ruiz-Cooley 等（2013）、Hetherington 等（2017）研究数据重新计算的结果

在群体层面，Nigmatullin 等（2001）和 Ruiz-Cooley 等（2006）分别利用胃含物分析和肌肉稳定同位素分析揭示了茎柔鱼在生长过程中由摄食低营养级食物向高营养级食物的连续变化。若以 $\delta^{13}C$ 富集度为 1.00‰计算（Caut et al.，2009），实验中 3 个地理群体内壳的 $\delta^{13}C$ 变化（中东太平洋赤道海域 1.29‰；秘鲁外海 2.89‰；智利外海 1.68‰）均超过 1 个营养级，即存在食性变化。但在本实验中，根据线性回归分析结果，各地理群体中只有 0%~33%的个体 $\delta^{15}N$ 序列呈增长趋势，而 38%~57%的个体 $\delta^{15}N$ 序列与个体生长无明显关系，说明有部分个体食性相对稳定且只有少量样品有食物营养级升高的现象，这可能与分析方法和头足类不同组织所反映信息的时间段有关。传统胃含物分析法仅能提供近期的摄食信息（通常<24h），不能反映已消化和过去一段时间的摄食信息，而肌肉可能超过一个月才能将食物信息反映在稳定同位素比值中。相对而言，内壳是由茎柔鱼从食物中摄取的营养成分转化成的几丁质和蛋白质分子构成，内壳与胴体生长具有高度同步性，从而可以及时记录茎柔鱼生活史过程中的全部信息。据此，内壳连续切割片段的碳、氮稳定同位素分析可提供茎柔鱼在不同生活史时期摄食习性和栖息地变化的"高分辨率"信息。此外，在各地理群体中有 16%~54%的个体 $\delta^{15}N$ 序列呈下降趋势，可能是因为其在生长过程中摄食了较多的低营养级食物。Alegre 等（2014）对秘鲁海域茎柔鱼的胃含物进行了分析，结果表明其从近岸海域向离岸海域洄游时，胃含物中处于较低营养级的小型中上层鱼类和磷虾类的比例随个体生长增加较高营养级的头足类比例降低。除了食性变化，茎柔鱼在具有不同海域间洄游和摄食也可引起内壳稳定同位素比值变化。这是因为在海洋生态系统中，稳定同位素基线值的差异会通过食物网传递到高营养级生物体中。例如，Lorrain 等（2011）对采集自 3°~9°S 的茎柔鱼肌肉样品分析发现，肌肉的 $\delta^{13}C$ 和 $\delta^{15}N$ 分别存在大约 4.00‰和 8.70‰的变化。因此，$\delta^{15}N$ 序列的下降趋势说明各地理群体中有部分个体可能从 ^{15}N 高含量海域向 ^{15}N 低含量海域洄游，如从高纬度向较低纬度的海域洄游。

如上所述，由于具有高度的洄游特性，茎柔鱼机体的 $\delta^{15}N$ 会受摄食习性和栖息地环境变化的综合影响。为了更准确地比较不同地理群体的营养级，对 3 个地理群体茎柔鱼的肌肉进行了氨基酸氮稳定同位素分析。海洋生物机体中的谷氨酸（Glu）等"营养"氨基酸在代谢过程中会发生脱氮作用，随着营养级的升高其 $\delta^{15}N$ 具有较高且稳定的富集度，而苯丙氨酸（Phe）等"源"氨基酸的 $\delta^{15}N$ 在营养级间的富集度接近 0（Chikaraishi et al.，2009，2014）。通过计算两者的差值可以间接指示捕食者的营养级，而不再需要食物网基线的稳定同位素信息，从而排除了栖息地环境的时空异质性。本研究中，栖息在不同海域日龄相近的茎柔鱼个体的营养地位存在显著差异，来自智利外海的个体相对营养级显著高于中东太平洋赤道海域和秘鲁外海样品（图 4-8），同时也高于采集自北加利福尼亚海域和哥斯达黎加外海的茎柔鱼个体（Ruiz-Cooley et al.，2013；Hetherington et al.，2017）。若以胴长为参数，3 个地理群体的样品中，秘鲁外海个体的胴长相对最小，而智利外海和中东太平洋赤道海域个体无显著差异。也就是说，茎柔鱼胴长与相对营养级并无相关关系，这对应了前文发现的茎柔鱼在个体发育过程中，$\delta^{15}N$ 可能无变化或降低的现象。

4.4 营养生态位分析

因为每个内壳片段记录了茎柔鱼 10d 的生长信息,所以内壳连续片段的 $\delta^{13}C$ 和 $\delta^{15}N$ 可以反映其在一定生活史阶段的摄食和栖息地环境变化信息。根据 Jackson 等(2011)提出的营养生态位研究框架,绘制出 3 个地理群体的营养生态位,即 SEA_C。从图 4-9 可以看出,在 140~220d 阶段,相对于秘鲁外海($2.59‰^2$)和智利外海($1.28‰^2$)的雌性个体,中东太平洋赤道海域样品的 SEA_C 最小($0.52‰^2$)(图 4-9)。同时,中东太平洋赤道海域的营养生态位宽度和位置相对独立,与秘鲁外海和智利外海均不存在重叠,而后者间营养生态位重叠比例为 12.68%。对雄性个体的分析也发现这类现象,中东太平洋赤道海域的 SEA_C 显著小于秘鲁外海群体,且两者无重叠。

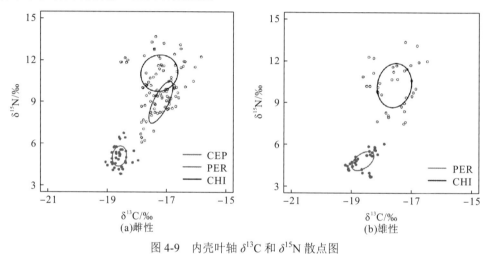

图 4-9 内壳叶轴 $\delta^{13}C$ 和 $\delta^{15}N$ 散点图

CEP 为中东太平洋赤道海域;PER 为秘鲁外海;CHI 为智利外海

随着个体发育进程,生物的营养生态位会不断变化,稳定同位素技术对动物食性的时空再现性使其成为研究个体发育过程中营养生态位变动的重要工具(Jackson et al.,2011)。应用生物 $\delta^{13}C$ 和 $\delta^{15}N$ 绘制营养生态位,从图形间的关系(重叠或独立)可直观分析群体间的营养生态位关系(Keyl et al.,2010)。本研究以 3 个地理群体茎柔鱼内壳相同日龄(140~220d)片段的 $\delta^{13}C$ 和 $\delta^{15}N$ 绘制了营养生态位,分析发现秘鲁外海和智利外海个体的营养生态位存在部分重叠,即在出生 140d 后的生活史过程中,这 2 个地理群体的茎柔鱼具有部分相似的食物来源和栖息环境,而中东太平洋赤道海域群体的雌性和雄性营养生态位与其余个体均存在较大差异(图 4-9)。该结果符合其他学者对茎柔鱼食性分析的结果,秘鲁海域个体主要摄食其他头足类和灯笼鱼类,而智利外海的茎柔鱼主要摄食鱼类,头足类极少摄食(Pardo-Gandarillas et al.,2014)。此外,秘鲁外海和智利外海都栖息在初级生产力较高的秘鲁寒流生态系统中,且离岸较近,而中东太平洋赤道海域靠近太平洋中部,营养盐相对贫瘠。中东太平洋赤道海域个体食物来源和栖息环境的差异可能造成其营养生态位相对独立,这在中东太平洋赤道海域样品的脂肪酸组成分析结果中也有发现。

4.5 小　　结

本章根据各地理群体茎柔鱼内壳生长方程进行连续切割，测定其内壳片段 $\delta^{15}N$ 和 $\delta^{13}C$，通过分析个体(群体)稳定同位素序列和营养生态位，结合肌肉氨基酸 $\delta^{15}N$，对比不同地理群体的营养地位。研究结果表明，茎柔鱼内壳形态存在空间异质性。分析认为，海水温度较高的海域和充足的食物更有利于内壳叶轴的经向生长，而相对较长的尾锥可为鳍提供足够的支撑以适应高流速的海域。稳定同位素分析结果表明，各地理群体内雌、雄个体间摄食均存在差异，这种差异可能与个体特异的摄食和洄游行为有关。不同地理群体在其所处生态系统中具有不同的营养地位，智利外海个体营养级较高，但与秘鲁外海个体摄食生态位存在重叠，而中东太平洋赤道海域个体由于食物来源和栖息环境的特殊性具有相对独立的摄食生态位。

第5章 厄尔尼诺事件对茎柔鱼营养模式的影响

在海洋生态系统中，海洋环境和生物地球化学过程中的差异会导致食物网初级生产者的 $\delta^{13}C$ 和 $\delta^{15}N$ 发生时空变化(Rau et al., 1989)。例如，初级生产力较高的近岸水域或上升流海域的 $\delta^{13}C$ 要高于初级生产力较低的离岸海域，因为浮游植物会通过光合作用优先摄取 ^{12}C(Perry et al., 1999)。不同纬度的 $\delta^{13}C$ 也存在梯度变化，高纬度离岸海域的 $\delta^{13}C$ 低于低纬度海域(Rau et al., 1989)。此外，由于氮源不同(如硝酸盐、铵盐和 N_2 等)及相应的反应进程有差别(固氮或脱氮作用)，$\delta^{15}N$ 的空间异质性更为复杂(Somes et al., 2010)。固氮反应会使海域具有较低的 $\delta^{15}N$，因为氮源(溶解 N_2)接近0‰，而脱氮作用会优先去除 ^{15}N 比例较低的 NO_3^-(Mcclelland and Montoya, 2002)。这些差异会通过食物网反映到高营养级生物体中。茎柔鱼是一种高度洄游性的物种，其在不同特征海域间的洄游活动势必受稳定同位素比值梯度变化的影响(Ruiz-Cooley et al., 2010; Ruiz-Cooley et al., 2013)。

已有许多学者利用内壳来分析头足类生活史过程中的摄食和洄游模式。例如，Ruiz-Cooley 等(2010)利用内壳稳定同位素分析发现东太平洋茎柔鱼不同地理群体的摄食差异。Lorrain 等(2011)报道了茎柔鱼在摄食和洄游模式方面存在个体间差异。但是这些研究都没有考虑时间的不确定性，在这些研究中内壳被切割成长度相等的片段，而茎柔鱼个体在不同生活史阶段的生长速率是不一致的，这使每个内壳片段代表的时间段是未知的，这对准确揭示茎柔鱼生活史中的历史事件造成困难。

因此，本章研究对秘鲁外海茎柔鱼内壳叶轴进行连续切割，测定切割后各片段的碳、氮稳定同位素比值，通过分析个体(群体)内壳片段稳定同位素比值的连续序列和营养生态位关系，探索利用硬组织连续取样分析茎柔鱼个体摄食习性和栖息地变化的可行性，并分析2009~2010年厄尔尼诺事件对茎柔鱼营养模式的潜在影响。

实验中的茎柔鱼样品是2009年、2013年和2014年商业鱿钓船在秘鲁专属经济区外捕获的(图5-1)。样本在鱿钓船上进行冷冻保存，运至实验室后在常温下解冻。解冻后测定茎柔鱼个体胴长(ML)和体质量(BW)，精确到1mm和1g。

茎柔鱼内壳由3部分组成：喙部、尾锥和叶轴。实验中，使用内壳叶轴进行稳定同位素分析。内壳从茎柔鱼外套腔中取出，使用超声波清洗机清洗5min以去除残留的软组织。根据内壳叶轴的生长方程，用丙酮清洗过的剪刀将叶轴沿"V"形生长纹每10d进行连续切段(图3-3)。在进行稳定同位素分析前，所有的内壳片段采用超纯水清洗，在-55℃冷冻干燥24h以上，冷冻后的样品使用混合型球磨仪研磨成均匀的粉末。

第 5 章 厄尔尼诺事件对茎柔鱼营养模式的影响

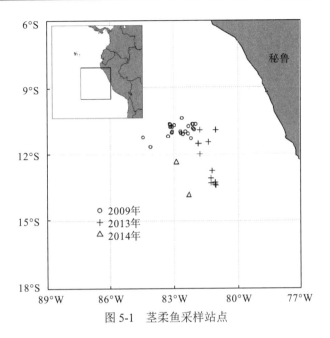

图 5-1 茎柔鱼采样站点

本研究利用厄尔尼诺指数推算了厄尔尼诺事件发生的时间(Huang et al.，2015)。厄尔尼诺事件发生需满足连续 5 个月厄尔尼诺指数超过 0.5(图 5-2)。2009~2010 年厄尔尼诺事件被认为是一次强烈中太平洋厄尔尼诺事件(Lee and Mcphaden，2010)。为了分析茎柔鱼受 2009~2010 年厄尔尼诺事件的影响，将样品分为两个时期进行对比，即厄尔尼诺年份(2009 年)和非厄尔尼诺年份(2013 年和 2014 年)。

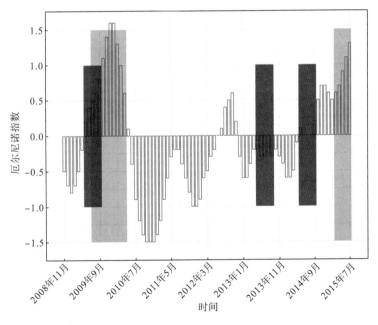

图 5-2 2008~2015 年厄尔尼诺指数

黑色阴影为本研究时段，灰色阴影为厄尔尼诺事件发生时段

因为每个内壳片段记录了茎柔鱼 10d 的生长信息，所以每个片段的 $\delta^{13}C$ 和 $\delta^{15}N$ 可以表示 10d 内茎柔鱼的摄食信息。此外，将相同日龄段的 $\delta^{13}C$ 和 $\delta^{15}N$ 归为一组，并使用回归分析评估分组片段的 $\delta^{13}C$ 和 $\delta^{15}N$ 与日龄的关系。以 SEA_C 来确定各年份茎柔鱼营养生态位的宽度和重叠比例。统计分析均使用 R 语言中的 SIAR 工具包。

耳石、鳞片和骨骼等硬组织具有稳定的化学成分和物理结构，构成这类组织的化学物质中的稳定同位素会记录生物体的生活史信息(Cherel et al., 2009b)。生物组织中的 $\delta^{13}C$ 可用于分析研究对象食性与栖息地的变化，而 $\delta^{15}N$ 可用于确定研究对象的营养级。Mendes 等(2007)对抹香鲸(*Physeter macrocephalus*)的牙齿进行了分层切割，通过分析不同牙层的 $\delta^{13}C$ 和 $\delta^{15}N$，推测了抹香鲸的洄游路径和营养级。Guerra 等(2010)对大王乌贼(*Architeuthis dux*)的上角质颚进行了连续微取样，并测定了取样位点的 $\delta^{13}C$ 和 $\delta^{15}N$，分析了大王乌贼不同生活史时期的摄食习性。

茎柔鱼从食物中摄取的营养成分部分转化成几丁质和蛋白质分子，进而构成内壳的角质结构，促成内壳的生长，该结构生长发育具有不可逆性且生长贯穿整个生活史过程，从而可以包含头足类生活史过程中的全部信息。本研究基于从耳石得到的日龄数据，共连续切割了 45 根内壳叶轴。此外，根据内壳叶轴的稳定同位素时间序列和厄尔尼诺指数，分析了厄尔尼诺事件对茎柔鱼摄食和洄游的潜在影响。

5.1 稳定同位素时间序列

选取 45 尾相近时间捕获的茎柔鱼个体进行稳定同位素分析(2009 年、2013 年和 2014 年分别采集 14 尾、19 尾和 12 尾)(表 5-1)。将 1.5mg 的内壳粉末使用船形锡箔纸包被，并使用 IsoPrime 100 稳定同位素分析质谱仪测定，测定结果以 $\delta^{13}C$ 和 $\delta^{15}N$ 形式表示。为保证试验结果的精度和准确度，每 10 个样品间放入 3 个实验室标准品(蛋白质：$\delta^{13}C$=−26.98‰；$\delta^{15}N$=5.96‰)校准碳、氮稳定同位素的测定结果，同时测一个空白样以清除残余气体。测量误差为 0.05‰($\delta^{13}C$) 和 0.06‰($\delta^{15}N$)。稳定同位素测定在上海海洋大学大洋渔业资源可持续开发教育部重点实验室进行。

表 5-1 用于稳定同位素分析的茎柔鱼生物学参数

序号	采样点	体质量/g	胴长/cm	采样时间	日龄/d
G1	82°40′W、11°03′S	950.6	32.3	2009/09/28	278
G2	82°05′W、10°39′S	1260.3	34.9	2009/09/08	273
G3	82°05′W、10°39′S	1678.0	36.0	2009/09/08	251
G4	82°05′W、10°39′S	2185.0	39.9	2009/09/08	274
G5	82°36′W、10°21′S	1208.0	33.8	2009/09/06	248
G6	82°36′W、10°21′S	889.8	30.4	2009/09/06	213
G7	82°36′W、10°21′S	1365.6	35.1	2009/09/06	270
G8	82°36′W、10°21′S	1034.9	32.4	2009/09/06	237
G9	83°17′W、11°12′S	974.6	31.7	2009/09/13	237

续表

序号	采样点	体质量/g	胴长/cm	采样时间	日龄/d
G10	83°12′W、10°38′S	1486.5	36.9	2009/09/22	246
G11	82°36′W、10°21′S	1156.9	33.7	2009/09/06	225
G12	84°29′W、11°14′S	1448.8	35.6	2009/09/14	260
G13	83°11′W、10°40′S	1803.0	38.2	2009/09/21	279
G14	82°04′W、10°49′S	927.8	30.4	2009/09/21	240
G15	81°21′W、11°27′S	987.1	33.4	2013/08/25	258
G16	81°00′W、13°25′S	483.6	26.0	2013/09/03	195
G17	81°00′W、13°25′S	410.5	24.9	2013/09/03	181
G18	81°45′W、10°54′S	496.3	26.6	2013/08/18	190
G19	81°13′W、13°18′S	361.0	23.6	2013/09/11	177
G20	81°45′W、12°00′S	719.6	29.4	2013/08/09	208
G21	81°45′W、12°00′S	843.0	30.8	2013/08/09	242
G22	81°01′W、13°17′S	507.1	26.5	2013/08/30	180
G23	81°01′W、13°17′S	515.4	27.0	2013/08/30	195
G24	81°01′W、13°17′S	441.0	25.4	2013/08/30	186
G25	81°11′W、12°46′S	467.1	26.6	2013/09/19	193
G26	81°49′W、11°31′S	1090.8	33.8	2013/09/15	231
G27	81°49′W、11°31′S	1229.0	35.4	2013/09/15	251
G28	81°13′W、13°06′S	404.0	24.7	2013/08/15	179
G29	81°13′W、13°06′S	314.3	22.9	2013/08/15	167
G30	81°01′W、13°17′S	540.5	28.1	2013/08/30	169
G31	81°01′W、13°17′S	348.0	24.0	2013/08/30	176
G32	81°45′W、10°54′S	587.2	28.0	2013/08/18	200
G33	81°45′W、10°54′S	324.0	23.3	2013/08/18	165
G34	82°17′W、13°53′S	615.0	26.8	2014/08/18	205
G35	82°17′W、13°53′S	768.4	26.7	2014/08/18	210
G36	82°17′W、13°53′S	864.5	30.2	2014/08/18	240
G37	82°17′W、13°53′S	643.1	27.9	2014/08/18	206
G38	82°53′W、12°23′S	925.1	28.6	2014/08/21	214
G39	82°53′W、12°23′S	819.2	31.4	2014/08/21	250
G40	82°53′W、12°23′S	985.5	32.8	2014/08/21	234
G41	82°53′W、12°23′S	703.7	29.6	2014/08/21	224
G42	82°53′W、12°23′S	705.8	29.5	2014/08/21	240
G43	82°53′W、12°23′S	661.2	28.1	2014/08/21	235
G44	82°53′W、12°23′S	641.2	29.0	2014/08/21	218
G45	82°53′W、12°23′S	811.5	29.1	2014/08/21	229

共测定396段内壳片段，其中最长的内壳叶轴为14段。每个片段代表内壳叶轴10d的生长过程。2009年、2013年和2014年茎柔鱼个体的平均$\delta^{15}N$分别为10.0‰±4.6‰、10.8‰±3.1‰和9.8‰±5.5‰，但2013年和2014年的$\delta^{15}N$无显著差异(t-test，$F_{1,236}=0.15$，$p>0.05$)。各年份茎柔鱼$\delta^{15}N$有显著差异(ANOVA，$F_{2,397}=7.49$，$p<0.01$)。2009年、2013年和2014年茎柔鱼的$\delta^{13}C$均值±标准偏差分别为-17.2‰±0.4‰、-17.5‰±0.5‰和-17.5‰±0.4‰。2013年和2014年捕捞的茎柔鱼个体的$\delta^{13}C$都低于2009年样品(t-test，$F_{1,398}=37.10$，$p<0.001$)(表5-2)。

表5-2 茎柔鱼内壳叶轴的$\delta^{13}C$和$\delta^{15}N$

序号	分段数	$\delta^{13}C$/‰				$\delta^{15}N$/‰			
		均值	标准偏差	最大值	最小值	均值	标准偏差	最大值	最小值
G1	14	-16.93	0.22	-16.52	-17.20	10.81	0.51	12.03	10.13
G2	14	-16.96	0.32	-16.40	-17.41	11.29	1.47	13.67	9.27
G3	11	-16.52	0.21	-16.16	-16.83	11.25	1.47	12.43	9.16
G4	14	-16.62	0.24	-16.16	-17.19	13.35	1.04	14.50	11.49
G5	11	-17.37	0.21	-17.09	-17.85	9.52	0.34	9.97	8.99
G6	9	-17.75	0.34	-17.19	-18.23	7.53	0.73	8.56	6.11
G7	10	-16.86	0.37	-16.03	-17.23	9.34	1.50	10.96	6.54
G8	10	-17.62	0.18	-17.35	-17.85	7.18	0.44	7.97	6.56
G9	12	-16.62	0.29	-15.95	-16.94	11.21	0.94	12.79	10.25
G10	10	-17.43	1.22	-15.95	-18.57	9.05	1.51	11.48	7.09
G11	13	-17.05	0.20	-16.72	-17.40	10.68	0.98	12.90	9.84
G12	11	-17.11	0.21	-16.92	-17.72	10.17	0.55	10.93	9.04
G13	14	-16.90	0.28	16.60	-17.44	11.22	0.56	11.91	9.91
G14	9	-18.03	0.38	-17.54	-18.64	7.93	1.22	9.81	6.51
G15	12	-16.96	0.67	-15.72	-17.73	9.30	0.84	10.50	8.16
G16	6	-17.48	0.65	-15.72	-18.97	10.89	0.58	11.69	10.18
G17	5	-18.24	0.26	-17.93	-18.61	10.09	0.51	10.86	9.51
G18	6	-17.65	0.11	-17.51	-17.81	10.17	0.10	10.32	10.00
G19	4	-18.17	0.45	-17.54	-18.50	11.85	0.84	12.94	11.11
G20	7	-17.53	0.20	-17.31	-17.86	7.76	1.49	9.91	6.26
G21	11	-17.30	0.26	-16.74	-17.69	12.30	0.92	13.67	10.93
G22	5	-17.89	0.37	-17.49	-18.45	12.76	0.39	13.33	12.31
G23	6	-17.81	0.10	-17.65	-17.96	11.28	0.24	11.62	11.01
G24	5	-17.66	0.16	-17.49	-17.93	11.69	1.03	13.39	10.65
G25	6	-18.12	0.46	-17.36	-18.54	12.19	0.46	13.06	11.81
G26	10	-17.38	0.23	-17.08	-17.79	11.32	0.85	12.74	10.38
G27	12	-17.03	0.68	-16.17	-18.23	10.44	1.78	13.00	8.13
G28	4	-16.37	0.31	-16.00	-16.71	11.33	0.27	11.57	11.03
G29	3	-17.42	0.20	-17.19	-17.58	11.55	0.83	12.44	10.78

续表

序号	分段数	$\delta^{13}C$/‰				$\delta^{15}N$/‰			
		均值	标准偏差	最大值	最小值	均值	标准偏差	最大值	最小值
G30	3	-17.39	0.44	-17.08	-17.89	12.79	0.62	13.42	12.18
G31	4	-17.81	0.23	-17.50	-18.07	12.37	0.61	13.27	11.97
G32	7	-16.64	0.86	-15.82	-17.85	11.06	1.27	12.20	8.65
G33	3	-17.96	0.16	-17.80	-18.11	8.39	0.60	9.02	7.83
G34	8	-17.90	0.36	-17.39	-18.36	8.04	0.90	9.29	6.94
G35	9	-17.90	0.42	-17.17	-18.43	9.91	1.67	12.28	7.94
G36	10	-16.96	0.29	-16.47	-17.51	10.23	1.44	11.97	7.74
G37	9	-17.40	0.45	-16.81	-18.15	10.09	2.59	13.37	7.46
G38	9	-17.89	0.58	-17.13	-19.00	9.21	2.27	12.74	6.46
G39	11	-17.23	1.07	-15.56	-19.00	8.98	2.07	12.35	6.19
G40	12	-17.57	0.66	-16.41	-18.57	11.67	3.06	14.37	7.32
G41	10	-17.12	0.74	-16.09	-18.32	8.11	1.38	10.00	6.53
G42	9	-17.35	0.67	-15.92	-18.24	9.84	2.55	12.81	6.29
G43	8	-17.22	0.44	-16.21	-17.76	10.43	2.15	13.49	7.53
G44	9	-17.51	0.32	-17.03	-17.99	7.68	0.47	8.25	6.75
G45	11	-17.49	0.62	-16.89	-18.48	11.98	1.58	13.60	8.89

将相同年份茎柔鱼个体叶轴片段的稳定同位素数据按日龄分组，从而在群体层面分析各年份茎柔鱼摄食习性变化。2013 年个体各日龄段的 $\delta^{13}C$ 和 $\delta^{15}N$ 与日龄呈显著负相关关系[图 5-3，$\delta^{13}C$ 的变化趋势(C_{2013})，$r=-0.57$，$p<0.05$；$\delta^{15}N$ 的变化趋势(N_{2013})，$r=-0.96$，$p<0.01$]。采集自 2014 年的茎柔鱼个体也具有相同变化趋势(C_{2014}：$r=0.90$，$p<0.01$；N_{2014}：$r=0.94$，$p<0.01$)。但 2009 年样品的 $\delta^{13}C$ 和 $\delta^{15}N$ 随日龄增加无显著变化(C_{2009}：$p>0.50$；N_{2009}：$p>0.05$)。从图 5-4 可以看出，2013 年和 2014 年个体内壳的 $\delta^{13}C$ 和 $\delta^{15}N$ 从大约 210d 和 220d 开始急剧下降。

内壳叶轴稳定同位素分析结果显示茎柔鱼个体间摄食存在异质性(图 5-3)，所有个体的稳定同位素时间序列均存在波动，其 $\delta^{13}C$ 和 $\delta^{15}N$ 的变化分别达到 3.4‰和 9.4‰。该结果与其他学者对秘鲁北部外海茎柔鱼内壳稳定同位素的研究结果相近($\delta^{13}C$：2.7‰；$\delta^{15}N$：8.2‰)(Lorrain et al.，2011)。内壳连续切割片段的碳、氮稳定同位素分析可揭示茎柔鱼在不同生活史阶段的摄食习性和栖息地变化。Ruiz-Cooley 等(2010)对加利福尼亚湾茎柔鱼内壳按每 3cm 进行切割，通过分析内壳连续切割片段稳定同位素信息重塑其生活史过程的食性转换。但研究表明，头足类内壳生长纹间的宽度会随个体生长发生变化(Perez et al.，1996)。若采用等距离连续切割，只能大致分析不同生活史阶段茎柔鱼的摄食习性和栖息地变化，而本研究结合耳石日龄鉴定结果，构建内壳叶轴生长方程，按生长方程沿"V"形生长纹按每 10d 进行切段，更精确地分析了茎柔鱼在出生 130d 后每 10d 的稳定同位素信息。因此，个体间的稳定同位素序列差异可能与茎柔鱼机会性摄食行为和相对复杂的生活史有关。

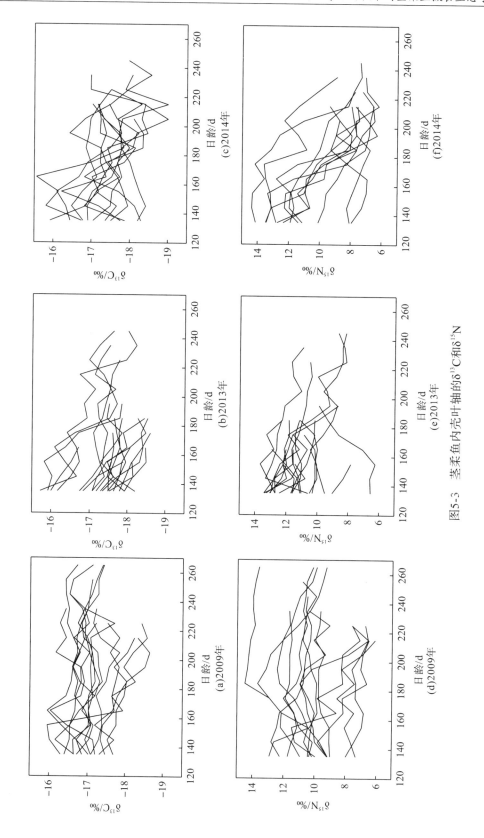

图5-3 茎柔鱼内壳叶轴的$\delta^{13}C$和$\delta^{15}N$

第 5 章 厄尔尼诺事件对茎柔鱼营养模式的影响

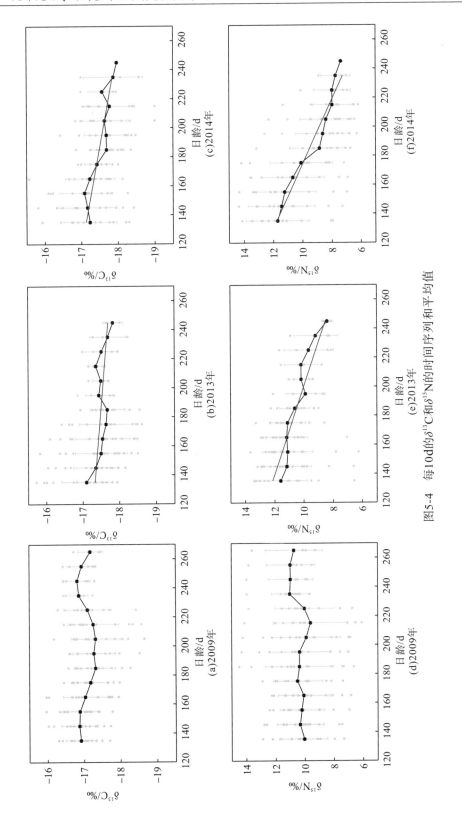

图5-4 每10d的$\delta^{13}C$和$\delta^{15}N$的时间序列和平均值

头足类具有明显的洄游行为，这与其他软体动物不同，但与鱼类甚为相似(李云凯等，2014)。洄游是头足类生命周期中的重要组成部分，是保证种群延续的适应性活动，因此茎柔鱼在具有不同稳定同位素基线值的海域间洄游和摄食也可能造成内壳叶轴稳定同位素变化。在海洋生态系统中，不同海域光照强度、海水温度和海水中 CO_2 浓度等条件差异造成初级生产者的 $\delta^{13}C$ 和 $\delta^{15}N$ 存在空间异质性。Rau 等(1989)对不同纬度海洋浮游植物的 $\delta^{13}C$ 对比后发现，从赤道向两极随纬度增大浮游植物的 $\delta^{13}C$ 降低。在北半球，纬度每增加 1 度，浮游植物的 $\delta^{13}C$ 降低 0.015‰，而在南半球，纬度每增加 1 度，浮游植物的 $\delta^{13}C$ 降低 0.14‰。这种梯度变化也会反映到头足类个体的 $\delta^{13}C$ 中。Takai 等(2000)发现鸢乌贼(*Stenoteuthis oualaniensis*)肌肉的 $\delta^{13}C$ 与纬度呈负相关关系，低纬度地区鸢乌贼肌肉的 $\delta^{13}C$ 明显高于高纬度个体。Lorrain 等(2011)对不同纬度的茎柔鱼个体进行研究发现，3°～9°S 个体肌肉的 $\delta^{13}C$ 差值约为 3‰，表明秘鲁外海基线生物的 $\delta^{13}C$ 与纬度有关，且低纬度海域的 $\delta^{13}C$ 高于高纬度海域。此外，初级生产力较高的近岸水域 $\delta^{13}C$ 相对较高，如上升流海域，而 $\delta^{15}N$ 基线值还与海域的固氮和脱氮作用有关(Montoya，2007)。东南太平洋秘鲁外海是世界上最大的上升流海域之一，同时具有大范围的氧最小层(oxygen minimum layer，OML)(Stramma et al.，2012)。在上升流海域，富含硝酸盐的深层海水上升到海洋表层，为浮游植物生长提供了充足的营养盐，而浮游植物在光合作用过程中会优先吸收 ^{12}C，这使该海域具有较高的 $\delta^{13}C$(Rau et al.，1989)。在 OML，缺乏足够的溶解氧会促进脱氮作用，且优先利用硝酸盐中的 ^{14}N，使 $\delta^{15}N$ 基线值升高(Voss et al.，2001)。例如，Lorrain 等(2011)发现在 3°～9°S $\delta^{15}N$ 基线值差异为 5.2‰。稳定同位素基线值的空间异质性会通过食物网传播到茎柔鱼组织中。

　　在群体层面，Nigmatullin 等(2001)通过胃含物分析揭示了茎柔鱼在生长过程中由摄食低营养级食物向高营养级食物的连续变化。Ruiz-Cooley 等(2006)根据采自加利福尼亚湾的茎柔鱼肌肉和角质颚的稳定同位素分析结果也发现个体在发育过程中趋于捕食较高营养级食物。但是，本研究结果不完全符合该变化趋势。2013 年和 2014 年茎柔鱼内壳叶轴的 $\delta^{13}C$ 和 $\delta^{15}N$ 时间序列存在波动但呈下降趋势，表明其可能从 $\delta^{15}N$ 基线值较高的海域向较低的海域洄游，或者在生活史阶段低营养级食物的摄入比例增加。研究发现茎柔鱼为躲避捕食者会选择在初级生产力较低的离岸海域产卵(Argüelles et al.，2012)，这种行为导致了季节性的洄游活动，即幼体在生长阶段从离岸海域向近岸海域洄游，接近性成熟的个体从近岸海域洄游到离岸海域产卵。由于本研究中茎柔鱼内壳稳定同位素分析是从 130d 开始的，因此 $\delta^{15}N$ 的下降(特别是从 210d 开始)可能与其产卵洄游有关。茎柔鱼一般在夏季和秋季进行产卵洄游，这与本研究的生活史阶段相同，即秋季和冬季(5～9 月，图 5-2)。Argüelles 等(2012)对秘鲁外海茎柔鱼肌肉的 $\delta^{15}N$ 分析发现，从北部海域向南，肌肉的 $\delta^{15}N$ 呈增长趋势，在 3°～18°S 的 $\delta^{15}N$ 变化为 8‰，这与本研究的 9.4‰相似。本研究结果也符合对茎柔鱼渔场时空分布变化的研究结果，在 6～9 月渔场重心纬度有向北移动的趋势(徐冰，2012)。此外，Alegre 等(2014)对茎柔鱼胃含物进行了分析，结果表明其从近岸海域向离岸海域洄游时，胃含物中处于较低营养级的小型中上层鱼类和磷虾类的比例随个体生长增加，而较高营养级的头足类比例降低。这些结果都说明本研究中的茎柔鱼可能来自采样地点(^{15}N 富集海域)的东南方向(^{15}N 贫瘠海域),并处于产卵洄游中,同时受食性变化的影响。

5.2 营养生态位

相对 2013 年和 2014 年的茎柔鱼个体,2009 年样品的 SEA$_C$ 最小(图 5-5)。2014 年和 2009 年个体营养生态位重叠比例最高(77.39%),2013 年和 2014 年重叠比例达到 76.32%,而 2013 年和 2009 年的重叠部分相对较小,为 52.61%。

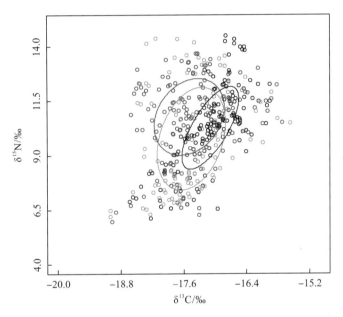

图 5-5 2009 年、2013 年和 2014 年茎柔鱼营养生态位

黑色为 2009 年,红色为 2013 年,蓝色为 2014 年

对于 2009 年的茎柔鱼个体,其内壳 δ^{13}C 和 δ^{15}N 时间序列没有明显的变化趋势,表明其摄食习性和栖息地变化与采自 2013 年和 2014 年的茎柔鱼存在差异(图 5-4)。尽管各年份茎柔鱼的 SEA$_C$ 有重叠,但 2009 年的 SEA$_C$ 是 3 个年份中最小的,说明 2009 年个体具有较小的营养生态位(图 5-5)。这种时间异质性可能是水平洄游范围减小造成的。根据厄尔尼诺指数,2009 年发生了厄尔尼诺事件,赤道暖水团向东南方向移动,压迫亚热带表层流靠近秘鲁海岸,削弱了富含营养盐的上升流和秘鲁寒流。这种海洋环境变化导致初级生产力变化,使中上层鱼类向初级生产力较高的近岸海域洄游(Ballón et al., 2008; Xu et al., 2013)。环境条件和食物可利用性的变化可能直接限制了茎柔鱼水平洄游范围。Ichii 等(2002)发现在厄尔尼诺事件发生时,茎柔鱼会更靠近哥斯达黎加近岸海域。此外,室内实验表明,茎柔鱼的卵只能在 15~25℃的水温孵化,因为茎柔鱼幼体的耐热性比大个体茎柔鱼要低(Staaf et al., 2011)。在厄尔尼诺事件发生时,由于离岸流减弱,茎柔鱼幼体会在大陆架附近形成高密度分布。

据 Seibel(2013)报道，茎柔鱼可以适应低溶解氧环境，在白天一般栖息于脱氮作用较强的 OML 中或其上边界，而茎柔鱼的主要摄食鱼类(*Engraulis ringens* 和 *Vinciguerria lucetia*)因不能适应低溶解氧环境而无法进入 OML(Alegre et al., 2014)。在厄尔尼诺事件发生时，OML 的上边界深度会因为上升流减弱而增加(Levin et al., 2002)，这使茎柔鱼向海洋表层垂直洄游的距离增加，进而需要消耗更多能量。此外，Gilly 等(2006)利用电子标记发现海面温度升高会缩短茎柔鱼的觅食时间。综上所述，厄尔尼诺事件会从时间和空间两方面改变茎柔鱼的摄食和洄游活动，进而压缩其摄食生态位，这与 Keyl 等(2008)提出的假设相一致。

5.3　小　　结

本章通过对秘鲁外海茎柔鱼耳石日龄鉴定，按照内壳叶轴生长方程对内壳进行连续切割，测定连续切割片段的碳、氮稳定同位素比值。通过分析个体和群体稳定同位素的时间序列和营养生态位，分析了茎柔鱼生长发育过程中的食性转换和栖息洄游，以及受环境变化的影响。结果表明茎柔鱼在不同基线值海域间的洄游活动对其内壳稳定同位素影响较大，在此期间还可能发生食性变化。虽然研究仅从 130d 开始分析，但个体稳定同位素仍存在异质性，并且厄尔尼诺事件的发生会对稳定同位素时间序列和营养生态位造成影响。这些结果证明了基于时间的连续内壳取样可以更精确和全面地回溯茎柔鱼个体生长过程中摄食和栖息的变化。最重要的是，通过将生长信息和生物化学标记物相结合，可以较好地开展茎柔鱼群体对气候变化影响的摄食生态学研究。

参 考 文 献

陈新军, 刘必林, 王尧耕. 2009.世界头足类[M]. 北京: 海洋出版社.

陈新军, 李建华, 刘必林, 等. 2012a. 东太平洋不同海区茎柔鱼渔业生物学的初步研究[J]. 上海海洋大学学报, 21(02): 280-287.

陈新军, 李建华, 易倩, 等. 2012b. 东太平洋赤道附近海域茎柔鱼(*Dosidicus gigas*)渔业生物学的初步研究[J]. 海洋与湖沼, 43(6): 1233-1238.

窦硕增. 1992. 鱼类胃含物分析的方法及其应用[J]. 海洋通报, (02): 28-31.

贡艺, 陈新军, 高春霞, 等. 2014.脂类抽提对北太平洋柔鱼肌肉碳、氮稳定同位素测定结果的影响[J]. 应用生态学报, 25(11): 3349-3356.

贡艺, 陈新军, 李云凯, 等. 2015.秘鲁外海茎柔鱼摄食洄游的稳定同位素研究[J]. 应用生态学报, 26(9): 2874-2880.

黄美珍. 2005.台湾海峡及邻近海域主要无脊椎动物食性特征及其食物关系研究[J]. 海洋科学, 29: 73-80.

李宪璀, 范晓, 韩丽君, 等. 2002.中国黄、渤海常见大型海藻的脂肪酸组成[J]. 海洋与湖沼, 33(2): 215-224.

李云凯, 贡艺, 陈新军. 2014.稳定同位素技术在头足类摄食生态学研究中的应用[J]. 应用生态学报, 25(05): 1541-1546.

刘必林, 陈新军, 钱卫国, 等. 2010.智利外海茎柔鱼繁殖生物学初步研究[J]. 上海海洋大学学报, 19(1): 68-73.

卢伙胜, 欧帆, 颜云榕, 等. 2009.应用氮稳定同位素技术对雷州湾海域主要鱼类营养级的研究[J]. 海洋学报(中文版), 31(3): 167-174.

王尧耕, 陈新军. 2005.世界大洋性经济柔鱼类资源及其渔业[M]. 北京: 海洋出版社.

徐冰. 2012.秘鲁外海茎柔鱼渔场时空分布及资源补充量与环境的关系[D]. 上海: 上海海洋大学.

许强, 杨红生. 2011.脂肪酸标志物在海洋生态系统营养关系研究中的应用[J]. 海洋学报(中文版), 33(1): 1-6.

杨东方, 陈生涛, 胡均, 等. 2007.光照、水温和营养盐对浮游植物生长重要影响大小的顺序[J]. 海洋环境科学, 26(3): 201-207.

杨宪时, 王丽丽, 李学英, 等. 2013.秘鲁鱿鱼和日本海鱿鱼营养成分分析与评价[J]. 现代食品科技, 29(9): 2247-2251, 2293.

叶旭昌. 2002.2001年秘鲁外海和哥斯达黎加外海茎柔鱼探捕结果及其分析[J]. 海洋渔业, 24(4): 165-169.

叶旭昌, 陈新军. 2007.秘鲁外海茎柔鱼胴长组成及性成熟初步研究[J]. 上海水产大学学报, (04): 347-350.

张宇美. 2014.基于碳氮稳定同位素的南海鸢乌贼摄食生态与营养级研究[D]. 湛江: 广东海洋大学.

Alegre A, Ménard F, Tafur R, et al. 2014. Comprehensive model of jumbo squid *Dosidicus gigas* trophic ecology in the northern Humboldt Current System[J]. PloS One, 9(1): e85919.

Anderson C I, Rodhouse P G. 2001.Life cycles, oceanography and variability: ommastrephid squid in variable oceanographic environments[J]. Fisheries Research, 54(1): 133-143.

Argüelles J, Lorrain A, Cherel Y, et al. 2012.Tracking habitat and resource use for the jumbo squid *Dosidicus gigas*: a stable isotope analysis in the Northern Humboldt Current System[J]. Marine Biology, 159(9): 2105-2116.

Arias-Moscoso J L, Soto-Valdez H, Plascencia-Jatomea M, et al. 2011. Composites of chitosan with acid-soluble collagen from jumbo squid (*Dosidicus gigas*) byproducts[J]. Polymer International, 60(6): 924-931.

Arkhipkin A I, Bizikov V A. 2000. Role of the statolith in functioning of the acceleration receptor system in squids and sepioids[J].

Journal of Zoology, 250(1): 31-55.

Arkhipkin A I, Argüelles J, Shcherbich Z, et al. 2014.Ambient temperature influences adult size and life span in jumbo squid (*Dosidicus gigas*)[J]. Canadian Journal of Fisheries and Aquatic Sciences, 72(3): 400-409.

Ballón M, Wosnitza-Mendo C, Guevara-Carrasco R, et al. 2008.The impact of overfishing and El Niño on the condition factor and reproductive success of Peruvian hake, *Merluccius gayi peruanus*[J]. Progress in Oceanography, 79(2-4): 300-307.

Bearhop S, Phillips R A, McGill R A R, et al. 2006. Stable isotopes indicate sex-specific and long-term individual foraging specialisation in diving seabirds[J]. Marine Ecology Progress Series, 311: 157-164.

Bell J G, Ghioni C, Sargent J R. 1994. Fatty acid compositions of 10 freshwater invertebrates which are natural food organisms of Atlantic salmon parr (Salmo salar): a comparison with commercial diets[J]. Aquaculture, 128(3-4): 301-313.

Campana S E, Thorrold S R. 2001.Otoliths, increments, and elements: keys to a comprehensive understanding of fish populations?[J]. Canadian Journal of Fisheries and Aquatic Sciences, 58(1): 30-38.

Caut S, Angulo E, Courchamp F. 2009.Variation in discrimination factors ($\Delta^{15}N$ and $\Delta^{13}C$): the effect of diet isotopic values and applications for diet reconstruction[J]. Journal of Applied Ecology, 46(2): 443-453.

Chen X J, Lu H J, Liu B L, et al. 2011. Age, growth and population structure of jumbo flying squid, *Dosidicus gigas*, based on statolith microstructure off the Exclusive Economic Zone of Chilean waters[J]. Journal of the Marine Biological Association of the United Kingdom, 91(1): 229-235.

Chen X J, Li J H, Liu B L, et al. 2013.Age, growth and population structure of jumbo flying squid, *Dosidicus gigas*, off the Costa Rica Dome[J]. Journal of the Marine Biological Association of the United Kingdom, 93(2): 567-573.

Cherel Y, Hobson K A. 2005.Stable isotopes, beaks and predators: a new tool to study the trophic ecology of cephalopods, including giant and colossal squids[J]. Proceedings: Biological Sciences, 272(1572): 1601-1607.

Cherel Y, Fontaine C, Jackson G D, et al. 2009a. Tissue, ontogenic and sex-related differences in $\delta^{13}C$ and $\delta^{15}N$ values of the oceanic squid *Todarodes filippovae* (Cephalopoda: Ommastrephidae)[J]. Marine Biology, 156(4): 699-708.

Cherel Y, Kernaleguen L, Richard P, et al. 2009b. Whisker isotopic signature depicts migration patterns and multi-year intra-and inter-individual foraging strategies in fur seals[J]. Biology Letters, 5(6): 830-832.

Chikaraishi Y, Ogawa N O, Kashiyama Y, et al. 2009. Determination of aquatic food-web structure based on compound-specific nitrogen isotopic composition of amino acids[J]. Limnology and Oceanography, 7(6): 740-750.

Chikaraishi Y, Steffan S A, Ogawa N O, et al. 2014.High-resolution food webs based on nitrogen isotopic composition of amino acids[J]. Ecology and Evolution, 4(12): 2423-2449.

Choy C A, Popp B N, Hannides C, et al. 2015.Trophic structure and food resources of epipelagic and mesopelagic fishes in the North Pacific Subtropical Gyre ecosystem inferred from nitrogen isotopic compositions[J]. Limnology and Oceanography, 60(4): 1156-1171.

Clarke M R. 1996.The role of cephalopods in the world's oceans: an introduction[J]. Philosophical Transactions: Biological Sciences, 351(1343): 979-983.

Cucherousset J, Villéger S. 2015.Quantifying the multiple facets of isotopic diversity: new metrics for stable isotope ecology[J]. Ecological Indicators, 56: 152-160.

Dayan T, Simberloff D. 2005. Ecological and community-wide character displacement: the next generation[J]. Ecology Letters, 8(8): 875-894.

Every S L, Pethybridge H R, Crook D A, et al. 2016.Comparison of fin and muscle tissues for analysis of signature fatty acids in tropical euryhaline sharks[J]. Journal of Experimental Marine Biology and Ecology, 479: 46-53.

Fang Z, Xu L L, Chen X J, et al. 2015.Beak growth pattern of purpleback flying squid *Sthenoteuthis oualaniensis* in the eastern tropical Pacific equatorial waters[J]. Fisheries Science, 81(3): 443-452.

Fang Z, Chen X J, Su H, et al. 2017.Evaluation of stock variation and sexual dimorphism of beak shape of neon flying squid, *Ommastrephes bartramii*, based on geometric morphometrics[J]. Hydrobiologia, 784(1): 367-380.

Field J C, Baltz K, Phillips A J, et al. 2007.Range expansion and trophic interactions of the jumbo squid, *Dosidicus gigas*, in the California Current[J]. California Cooperative Oceanic Fisheries Investigations Report, 48(6): 131-146.

Folch J, Lees M, Sloane Stanley G H. 1957.A simple method for the isolation and purification of total lipids from animal tissues[J]. Journal of Biological Chemistry, 226(1): 497-509.

Franco-Santos R M, Vidal E A G. 2014. Beak development of early squid paralarvae (Cephalopoda: Teuthoidea) may reflect an adaptation to a specialized feeding mode[J]. Hydrobiologia, 725(1): 85-103.

Fukumori K, Oi M, Doi H, et al. 2008. Food sources of the pearl oyster in coastal ecosystems of Japan: evidence from diet and stable isotope analysis[J]. Estuarine, Coastal and Shelf Science, 76(3): 704-709.

Gilly W F, Markaida U, Baxter C H, et al. 2006.Vertical and horizontal migrations by the jumbo squid *Dosidicus gigas* revealed by electronic tagging[J]. Marine Ecology Progress Series, 324: 1-17.

Gong Y, Chen X J, Li Y K, et al. 2018.Geographic variations of jumbo squid (*Dosidicus gigas*) based on gladius morphology[J]. Fishery Bulletin, 116(1): 50-59.

Graham B S, Koch P L, Newsome S D, et al. 2010.Using isoscapes to trace the movements and foraging behavior of top predators in oceanic ecosystems[M] // West J B, Bowen G J, Todd E. Isoscapes. Berlin: Springer.

Guerra A, Rodriguez-Navarro A B, González A F, et al. 2010.Life-history traits of the giant squid *Architeuthis dux* revealed from stable isotope signatures recorded in beaks[J]. ICES Journal of Marine Science, 67(7): 1425-1431.

Hanlon R T, Messenger J B. 1996.Cephalopod Behaviour[M]. Cambridge: Cambridge University Press.

Hetherington E D, Olson R J, Drazen J C, et al. 2017.Spatial food-web structure in the eastern tropical Pacific Ocean based on compound-specific nitrogen isotope analysis of amino acids[J]. Limnology and Oceanography, 62(2): 541-560.

Hobson K A, Cherel Y. 2006.Isotopic reconstruction of marine food webs using cephalopod beaks: new insight from captively raised Sepia officinalis[J]. Canadian Journal of Zoology, 84(5): 766-770.

Hoving H J T, Gilly W F, Markaida U, et al. 2013.Extreme plasticity in life-history strategy allows a migratory predator (jumbo squid) to cope with a changing climate[J]. Global Change Biology, 19(7): 2089-2103.

Huang B, Banzon V F, Freeman E, et al. 2015. Extended reconstructed sea surface temperature version 4 (ERSST. v4). Part I: upgrades and intercomparisons[J]. Journal of Climate, 28(3): 911-930.

Ibáñez C M, Cubillos L A. 2007.Seasonal variation in the length structure and reproductive condition of the jumbo squid *Dosidicus gigas* (d'Orbigny, 1835) off central-south Chile[J]. Scientia Marina, 71(1): 123-128.

Ibáñez C M, Keyl F. 2009.Cannibalism in cephalopods[J]. Reviews in Fish Biology and Fisheries, 20(1): 123-136.

Ichii T, Mahapatra K, Watanabe T, et al. 2002.Occurrence of jumbo flying squid *Dosidicus gigas* aggregations associated with the countercurrent ridge off the Costa Rica Dome during 1997 El Niño and 1999 La Niña[J]. Marine Ecology Progress Series, 231: 151-166.

Iverson S J. 2009.Tracing aquatic food webs using fatty acids: from qualitative indicators to quantitative determination[M]//Arts M T, Brett M T, Kainz M J. Lipids in Aquatic Ecosystems. New York:Springer.

Iverson S J, Field C, Don Bowen W, et al. 2004.Quantitative fatty acid signature analysis: a new method of estimating predator diets[J]. Ecological Monographs, 74(2): 211-235.

Jackson A L, Inger R, Parnell A C, et al. 2011.Comparing isotopic niche widths among and within communities: SIBER-Stable Isotope Bayesian Ellipses in R[J]. Journal of Animal Ecology, 80(3): 595-602.

Jackson G D, Forsythe J W, Hixon R F, et al. 1997. Age, growth, and maturation of *Lolliguncula brevis* (Cephalopoda: Loliginidae) in the northwestern Gulf of Mexico with a comparison of length-frequency versus statolith age analysis[J]. Canadian Journal of Fisheries and Aquatic Sciences, 54(12): 2907-2919.

Kato Y, Sakai M, Nishikawa H, et al. 2016.Stable isotope analysis of the gladius to investigate migration and trophic patterns of the neon flying squid (*Ommastrephes bartramii*)[J]. Fisheries Research, 173: 169-174.

Kear A J. 1994. Morphology and function of the mandibular muscles in some coleoid cephalopods[J]. Journal of the Marine Biological Association of the United Kingdom, 74(04): 801-822.

Keyl F, Argüelles J, Mariátegui L, et al. 2008.A hypothesis on range expansion and spatio-temporal shifts in size-at-maturity of jumbo squid (*Dosidicus gigas*) in the Eastern Pacific Ocean[J]. CalCOFI Report, 49: 119-128.

Keyl F, Argüelles J, Tafur R. 2010.Interannual variability in size structure, age, and growth of jumbo squid (*Dosidicus gigas*) assessed by modal progression analysis[J]. ICES Journal of Marine Science, 68(3): 507-518.

Kharlamenko V I, Kiyashko S I, Imbs A B, et al. 2001.Identification of food sources of invertebrates from the seagrass Zostera marina community using carbon and sulfur stable isotope ratio and fatty acid analyses[J]. Marine Ecology Progress Series, 220: 103-117.

Kim H, Kumar K S, Shin K-H. 2015.Applicability of stable C and N isotope analysis in inferring the geographical origin and authentication of commercial fish (Mackerel, Yellow Croaker and Pollock)[J]. Food Chemistry, 172: 523-527.

Landman N H, Cochran J K, Cerrato R, et al. 2004.Habitat and age of the giant squid (*Architeuthis sanctipauli*) inferred from isotopic analyses[J]. Marine Biology, 144(4): 685-691.

Lee T, Mcphaden M J. 2010.Increasing intensity of El Niño in the central-equatorial Pacific[J]. Geophysical Research Letters, 37(14):1-5.

Lesutienė J, Bukaveckas P A, Gasiūnaitė Z R, et al. 2014.Tracing the isotopic signal of a cyanobacteria bloom through the food web of a Baltic Sea coastal lagoon[J]. Estuarine, Coastal and Shelf Science, 138: 47-56.

Levin L, Gutiérrez D, Rathburn A, et al. 2002.Benthic processes on the Peru margin: a transect across the oxygen minimum zone during the 1997-98 El Niño[J]. Progress in Oceanography, 53(1): 1-27.

Li Y K, Gong Y, Zhang Y, et al. 2017.Inter-annual variability in trophic patterns of jumbo squid (*Dosidicus gigas*) off the exclusive economic zone of Peru, implications from stable isotope values in gladius[J]. Fisheries Research, 187: 22-30.

Liao C H, Liu T Y, Hung C Y. 2010. Morphometric variation between the swordtip (*Photololigo edulis*) and mitre (*P. chinensis*) squids in the waters off Taiwan[J]. Journal of Marine Science and Technology, 18(3): 405-412.

Lin D M, Chen X J, Chen Y, et al. 2015.Sex-specific reproductive investment of summer spawners of *Illex argentinus* in the southwest Atlantic[J]. Invertebrate Biology, 134(3): 203-213.

Lipiński M, Underhill L. 1995.Sexual maturation in squid: quantum or continuum?[J]. South African Journal of Marine Science, 15(1): 207-223.

Liu B L, Chen X J, Chen Y, et al. 2013.Age, maturation, and population structure of the Humboldt squid *Dosidicus gigas* off the Peruvian Exclusive Economic Zones[J]. Chinese Journal of Oceanology and Limnology, 31(1): 81-91.

Liu B L, Chen Y, Chen X J. 2015a.Spatial difference in elemental signatures within early ontogenetic statolith for identifying jumbo flying squid natal origins[J]. Fisheries Oceanography, 24(4): 335-346.

Liu B L, Fang Z, Chen X J, et al. 2015b.Spatial variations in beak structure to identify potentially geographic populations of *Dosidicus gigas* in the Eastern Pacific Ocean[J]. Fisheries Research, 164: 185-192.

Lorrain A, Arguelles J, Alegre A, et al. 2011.Sequential isotopic signature along gladius highlights contrasted individual foraging strategies of jumbo squid (*Dosidicus gigas*)[J]. PloS One, 6(7): 6.

Lukeneder A, Harzhauser M, Müllegger S, et al. 2008.Stable isotopes (δ^{18}O and δ^{13}C) in Spirula spirula shells from three major oceans indicate developmental changes paralleling depth distributions[J]. Marine Biology, 154(1): 175-182.

Macarthur R H, Pianka E R. 1966.On optimal use of a patchy environment[J]. The American Naturalist, 100(916): 603-609.

Markaida U. 2006. Food and feeding of jumbo squid *Dosidicus gigas* in the Gulf of California and adjacent waters after the 1997–98 El Niño event[J]. Fisheries Research, 79(1-2): 16-27.

Markaida U, Sosa-Nishizaki O. 2001.Reproductive biology of jumbo squid *Dosidicus gigas* in the Gulf of California, 1995-1997[J]. Fisheries Research, 54(1): 63-82.

Markaida U, Sosa-Nishizaki O. 2003.Food and feeding habits of jumbo squid *Dosidicus gigas* (Cephalopoda: Ommastrephidae) from the Gulf of California, Mexico[J]. Journal of the Marine Biological Association of the United Kingdom, 83(3): 507-522.

Mcclelland J W, Montoya J P. 2002.Trophic relationships and the nitrogen isotopic composition of amino acids in plankton[J]. Ecology, 83(8): 2173-2180.

Mcmahon K W, Mccarthy M D. 2016. Embracing variability in amino acid δ^{15}N fractionation: mechanisms, implications, and applications for trophic ecology[J]. Ecosphere, 7(12):1-21.

Mcmahon K W, Hamady L L, Thorrold S R. 2013. A review of ecogeochemistry approaches to estimating movements of marine animals[J]. Limnology and Oceanography, 58(2): 697-714.

Mendes S, Newton J, Reid R J, et al. 2007. Stable carbon and nitrogen isotope ratio profiling of sperm whale teeth reveals ontogenetic movements and trophic ecology[J]. Oecologia, 151(4): 605-615.

Montoya J P. 2007.Natural abundance of ^{15}N in marine planktonic ecosystems[M]//Michener R H, Lajtha K. Stable Isotopes in Ecolgical and Environmental Science. Malden: Blackwell.

Morales-Bojórquez E, Pacheco-Bedoya J L. 2016.Jumbo squid *Dosidicus gigas*: a new fishery in Ecuador[J]. Reviews in Fisheries Science & Aquaculture, 24(1): 98-110.

Napolitano G E, Pollero R J, Gayoso A M, et al. 1997.Fatty acids as trophic markers of phytoplankton blooms in the Bahia Blanca estuary (Buenos Aires, Argentina) and in Trinity Bay (Newfoundland, Canada)[J]. Biochemical Systematics and Ecology, 25(8): 739-755.

Nielsen J M, Popp B N, Winder M. 2015.Meta-analysis of amino acid stable nitrogen isotope ratios for estimating trophic position in marine organisms[J]. Oecologia, 178(3): 631-642.

Nigmatullin C M, Markaida U. 2009.Oocyte development, fecundity and spawning strategy of large sized jumbo squid *Dosidicus gigas* (Oegopsida: Ommastrephinae)[J]. Journal of the Marine Biological Association of the United Kingdom, 89(4): 789-801.

Nigmatullin C M, Nesis K N, Arkhipkin A I. 2001.A review of the biology of the jumbo squid *Dosidicus gigas* (Cephalopoda: Ommastrephidae)[J]. Fisheries Research, 54(1): 9-19.

Ohkouchi N, Tsuda R, Chikaraishi Y, et al. 2013.A preliminary estimate of the trophic position of the deep-water ram's horn squid

Spirula spirula based on the nitrogen isotopic composition of amino acids[J]. Marine Biology, 160(4): 773-779.

Olsen R E, Løvaas E, Lie Ø. 1999.The influence of temperature, dietary polyunsaturated fatty acids, α-tocopherol and spermine on fatty acid composition and indices of oxidative stress in juvenile Arctic char, Salvelinus alpinus (L.)[J]. Fish Physiology and Biochemistry, 20(1): 13-29.

Ortea I, Gallardo J M. 2015.Investigation of production method, geographical origin and species authentication in commercially relevant shrimps using stable isotope ratio and/or multi-element analyses combined with chemometrics: An exploratory analysis[J]. Food Chemistry, 170: 145-153.

Owens N. 1988. Natural variations in ^{15}N in the marine environment[M] //Curry B E. Advances in Marine Biology. New York: Elsevier.

Pardo-Gandarillas M C, Lohrmann K B, George-Nascimento M, et al. 2014.Diet and parasites of the jumbo squid Dosidicus gigas in the Humboldt Current System[J]. Molluscan Research, 34(1): 10-19.

Parrish C C, Abrajano T A, Budge S M, et al. 2000.Lipid and phenolic biomarkers in marine ecosystems: analysis and applications[M] //Wangersky P J. Marine Chemistry. Berlin: Springer.

Peig J, Green A J. 2009.New perspectives for estimating body condition from mass/length data: the scaled mass index as an alternative method[J]. Oikos, 118(12): 1883-1891.

Perez J A A, O'dor R K, Beck D P C, et al. 1996. Evaluation of gladius dorsal surface structure for age and growth studies of the short-finned squid, Illex illecebrosus (Teuthoidea: Ommastrephidae)[J]. Canadian Journal of Fisheries and Aquatic Sciences, 53(12): 2837-2846.

Perez J A A, de Aguiar D C, Dos Santos J A T. 2006.Gladius and statolith as tools for age and growth studies of the squid Loligo plei (Teuthida : Loliginidae) off southern Brazil[J]. Brazilian Archives of Biology and Technology, 49(5): 747-755.

Perry R I, Thompson P A, Mackas D L, et al. 1999.Stable carbon isotopes as pelagic food web tracers in adjacent shelf and slope regions off British Columbia, Canada[J]. Canadian Journal of Fisheries and Aquatic Sciences, 56(12): 2477-2486.

Pethybridge H R, Nichols P D, Virtue P, et al. 2013.The foraging ecology of an oceanic squid, Todarodes filippovae: the use of signature lipid profiling to monitor ecosystem change[J]. Deep Sea Research Part II: Topical Studies in Oceanography, 95: 119-128.

Pethybridge H R, Choy C A, Polovina J J, et al. 2018.Improving marine ecosystem models with biochemical tracers[J]. Annual Review of Marine Science, 10(1):199-228.

Phillips K L, Jackson G D, Nichols P D. 2001.Predation on myctophids by the squid Moroteuthis ingens around Macquarie and Heard Islands: stomach contents and fatty acid analyses[J]. Marine Ecology Progress Series, 215: 179-189.

Phillips K L, Nichols P D, Jackson G D. 2002.Lipid and fatty acid composition of the mantle and digestive gland of four Southern Ocean squid species: implications for food-web studies[J]. Antarctic Science, 14(3): 212-220.

Pond D W, Bell M V, Harris R P, et al. 1998. Microplanktonic polyunsaturated fatty acid markers: a mesocosm trial[J]. Estuarine, Coastal and Shelf Science, 46(2): 61-67.

Post D M. 2002.Using stable isotopes to estimate trophic position: models, methods, and assumptions[J]. Ecology, 83(3): 703-718.

Rasmussen R S, Morrissey M T. 2008.DNA-based methods for the identification of commercial fish and seafood species[J]. Comprehensive Reviews in Food Science and Food Safety, 7(3): 280-295.

Rau G H, Takahashi T, Des Marais D J. 1989.Latitudinal variations in plankton δ^{13}C: implications for CO_2 and productivity in past oceans[J]. Nature, 341(6242): 516-518.

Rodhouse P G, Nigmatullin C M.1996.Role as consumers[J]. Philosophical Transactions of the Royal Society of London Series B-Biological Sciences, 351(1343): 1003-1022.

Rosa R, Seibel B A. 2010.Metabolic physiology of the Humboldt squid, *Dosidicus gigas*: implications for vertical migration in a pronounced oxygen minimum zone[J]. Progress in Oceanography, 86(1-2): 72-80.

Rosas-Luis R, Chompoy-Salazar L. 2016.Description of food sources used by jumbo squid *Dosidicus gigas* (D' Orbigny, 1835) in Ecuadorian waters during 2014[J]. Fisheries Research, 173: 139-144.

Rosas-Luis R, Salinas-Zavala C, Koch V, et al. 2008.Importance of jumbo squid *Dosidicus gigas* (Orbigny, 1835) in the pelagic ecosystem of the central Gulf of California[J]. Ecological Modelling, 218(1-2): 149-161.

Rounick J S, Winterbourn M J. 1986.Stable carbon isotopes and carbon flow in Ecosystems[J]. BioScience, 36(3): 171-177.

Ruckstuhl K E, Neuhaus P. 2002.Sexual segregation in ungulates: a comparative test of three hypotheses[J]. Biological Reviews, 77(1): 77-96.

Ruiz-Cooley R I, Gerrodette T. 2012. Tracking large-scale latitudinal patterns of $\delta^{13}C$ and $\delta^{15}N$ along the E Pacific using epi-mesopelagic squid as indicators[J]. Ecosphere, 3(7): 1-17.

Ruiz-Cooley R I, Markaida U, Gendron D, et al. 2006.Stable isotopes in jumbo squid (*Dosidicus gigas*) beaks to estimate its trophic position: comparison between stomach contents and stable isotopes[J]. Journal of the Marine Biological Association of the United Kingdom, 86(2): 437-445.

Ruiz-Cooley R I, Villa E C, Gould W R. 2010.Ontogenetic variation of $\delta^{13}C$ and $\delta^{15}N$ recorded in the gladius of the jumbo squid *Dosidicus gigas*: geographic differences[J]. Marine Ecology Progress Series, 399: 187-198.

Ruiz-Cooley R I, Ballance L T, Mccarthy M D. 2013.Range expansion of the jumbo squid in the NE Pacific: $\delta^{15}N$ decrypts multiple origins, migration and habitat use[J]. PLoS One, 8(3): e59651.

Ruyter B, Røjø C, Grisdale-Helland B, et al. 2003.Influence of temperature and high dietary linoleic acid content on esterification, elongation, and desaturation of PUFA in Atlantic salmon hepatocytes[J]. Lipids, 38(8): 833-840.

Saito H, Sakai M, Wakabayashi T. 2014. Characteristics of the lipid and fatty acid compositions of the Humboldt squid, *Dosidicus gigas*: The trophic relationship between the squid and its prey[J]. European Journal of Lipid Science and Technology, 116(3): 360-366.

Sanchez G, Tomano S, Yamashiro C, et al. 2016. Population genetics of the jumbo squid *Dosidicus gigas* (Cephalopoda: Ommastrephidae) in the northern Humboldt Current system based on mitochondrial and microsatellite DNA markers[J]. Fisheries Research, 175: 1-9.

Sandoval-Castellanos E, Uribe-Alcocer M, Díaz-Jaimes P. 2007. Population genetic structure of jumbo squid (*Dosidicus gigas*) evaluated by RAPD analysis[J]. Fisheries Research, 83(1): 113-118.

Sandoval-Castellanos E, Uribe-Alcocer M, Díaz-Jaimes P. 2010.Population genetic structure of the Humboldt squid (*Dosidicus gigas* d' Orbigny, 1835) inferred by mitochondrial DNA analysis[J]. Journal of Experimental Marine Biology and Ecology, 385(1-2): 73-78.

Sardenne F, Bodin N, Chassot E, et al. 2016.Trophic niches of sympatric tropical tuna in the Western Indian Ocean inferred by stable isotopes and neutral fatty acids[J]. Progress in Oceanography, 146: 75-88.

Sargent J, Bell J, Bell M, et al. 1995.Requirement criteria for essential fatty acids[J]. Journal of Applied Ichthyology, 11(3-4): 183-198.

Seibel B A. 2013.The jumbo squid, *Dosidicus gigas* (Ommastrephidae), living in oxygen minimum zones II: Blood-oxygen binding[J]. Deep Sea Research Part II: Topical Studies in Oceanography, 95: 139-144.

Simopoulos A P. 2006. Evolutionary aspects of diet, the omega-6/omega-3 ratio and genetic variation: nutritional implications for chronic diseases[J]. Biomedicine & Pharmacotherapy, 60(9): 502-507.

Smith R J, Hobson K A, Koopman H N, et al. 1996. Distinguishing between populations of fresh-and salt-water harbour seals (Phoca vitulina) using stable-isotope ratios and fatty acid profiles[J]. Canadian Journal of Fisheries and Aquatic Sciences, 53(2): 272-279.

Somes C J, Schmittner A, Altabet M A. 2010. Nitrogen isotope simulations show the importance of atmospheric iron deposition for nitrogen fixation across the Pacific Ocean[J]. Geophysical Research Letters, 37(23): 1-6.

Staaf D J, Zeidberg L D, Gilly W F. 2011. Effects of temperature on embryonic development of the Humboldt squid *Dosidicus gigas*[J]. Marine Ecology Progress Series, 441: 165-175.

Steer B M, Jackson G. 2004. Temporal shifts in the allocation of energy in the arrow squid, *Nototodarus gouldi*: sex-specific responses[J]. Marine Biology, 144(6): 1141-1149.

Stewart J S, Field J C, Markaida U, et al. 2013. Behavioral ecology of jumbo squid (*Dosidicus gigas*) in relation to oxygen minimum zones[J]. Deep Sea Research Part II: Topical Studies in Oceanography, 95: 197-208.

Stowasser G, Pierce G J, Moffat C F, et al. 2006. Experimental study on the effect of diet on fatty acid and stable isotope profiles of the squid *Lolliguncula brevis*[J]. Journal of Experimental Marine Biology and Ecology, 333(1): 97-114.

Stramma L, Prince E D, Schmidtko S, et al. 2012. Expansion of oxygen minimum zones may reduce available habitat for tropical pelagic fishes[J]. Nature Climate Change, 2(1): 33-37.

Tafur R, Keyl F, Argueelles J. 2010. Reproductive biology of jumbo squid *Dosidicus gigas* in relation to environmental variability of the northern Humboldt Current System[J]. Marine Ecology Progress Series, 400: 127-141.

Takai N, Onaka S, Ikeda Y, et al. 2000. Geographical variations in carbon and nitrogen stable isotope ratios in squid[J]. Journal of the Marine Biological Association of the UK, 80(4): 675-684.

Thomas F, Jamin E, Wietzerbin K, et al. 2008. Determination of origin of Atlantic salmon (*Salmo salar*): The use of multiprobe and multielement isotopic analyses in combination with fatty acid composition to assess wild or farmed origin[J]. Journal of Agricultural and Food Chemistry, 56(3): 989-997.

Tocher D R, Fonseca-Madrigal J, Dick J R, et al. 2004. Effects of water temperature and diets containing palm oil on fatty acid desaturation and oxidation in hepatocytes and intestinal enterocytes of rainbow trout (*Oncorhynchus mykiss*)[J]. Comparative Biochemistry and Physiology Part B: Biochemistry and Molecular Biology, 137(1): 49-63.

Turchini G M, Mentasti T, Frøyland L, et al. 2003. Effects of alternative dietary lipid sources on performance, tissue chemical composition, mitochondrial fatty acid oxidation capabilities and sensory characteristics in brown trout (*Salmo trutta* L.)[J]. Aquaculture, 225(1-4): 251-267.

Vales D G, Cardona L, García N A, et al. 2015. Ontogenetic dietary changes in male South American fur seals *Arctocephalus australis* in Patagonia[J]. Marine Ecology Progress Series, 525: 245-260.

Van Der Vyver J, Sauer W, Mckeown N, et al. 2016. Phenotypic divergence despite high gene flow in chokka squid *Loligo reynaudii* (Cephalopoda: Loliginidae): implications for fishery management[J]. Journal of the Marine Biological Association of the United Kingdom, 96(7): 1507-1525.

Voss M, Dippner J W, Montoya J P. 2001. Nitrogen isotope patterns in the oxygen-deficient waters of the Eastern Tropical North Pacific Ocean[J]. Deep Sea Research Part I: Oceanographic Research Papers, 48(8): 1905-1921.

Xu Y, Chai F, Rose K A, et al. 2013.Environmental influences on the interannual variation and spatial distribution of Peruvian anchovy (*Engraulis ringens*) population dynamics from 1991 to 2007: A three-dimensional modeling study[J]. Ecological Modelling, 264: 64-82.

Yarnes C T, Herszage J. 2017.The relative influence of derivatization and normalization procedures on the compound-specific stable isotope analysis of nitrogen in amino acids[J]. Rapid Communications in Mass Spectrometry, 31(8): 693-704.

Young R E, Vecchione M. 1996. Analysis of morphology to determine primary sister-taxon relationships within coleoid cephalopods[J]. American Malacological Bulletin, 12: 91-112.

Zeidberg L D, Robison B H. 2007. Invasive range expansion by the Humboldt squid, *Dosidicus gigas*, in the eastern North Pacific[J]. Proceedings of the National Academy of Sciences, 104(31): 12948-12950.

Zhang X F, Liu Y, Li Y, et al. 2017. Identification of the geographical origins of sea cucumber (*Apostichopus japonicus*) in northern China by using stable isotope ratios and fatty acid profiles[J]. Food Chemistry, 218(4): 269-276.

附 录

附录1 利用 maps、spdep 和 prettymapr 工具包绘制站点图

```
#以本书图 3-1 为例#
library(sp)
library(maps)
library(mapdata)
library(spdep)
library(prettymapr)
#设定工作路径#
setwd("~/XXXX")
#设定高清站点图保存路径#
tiff(file = "~/XXXX/图 3-1.tiff",res = 500,width = 5000,height = 4000,
    compression = "lzw")
par(mar=c(3,4,1,1),oma=c(2,1,1,1),cex.lab = 2,family="serif",font.lab=2,
    cex.axis = 2,lwd=1.5)
#设置站点范围#
map("worldHires",ylim=c(-20,-8),xlim=c(-88,-73),fill=T,col="Gray95",
    interior = F,lwd=1.5)
map("worldHires","peru",col="gray70",fill=TRUE,add=TRUE,lwd=1.5)
box(lwd=1)
#绘制经纬度刻度#
degAxis(1,seq(-88,-73,by=3),cex.axis=1.5,tck=-0.01,las=1,xaxs="i",lwd=1.5)
degAxis(2,seq(-20,-8,by=3),cex.axis=1.5,tck=-0.01,las=1,xaxs="i",lwd=1.5)
par(new=T)
#导入站点数据#
station = read.csv("sample station.csv",header = T)
```

```
points(station$G1,station$G2,pch = 0,col= "gold",cex=1.5)
points(station$B1,station$B2,pch = 3,col= "red",cex=1.5)
points(station$C1,station$C2,pch =4,col= "royalblue2",cex=1.5)
points(station$x1,station$y1,pch =17,col= "black",cex=1.5)
#绘制图例#
text.legend=c("内壳","稳定同位素分析内壳","腕、触腕和角质颚","胴体和性腺")
legend(-87,-17.5,legend=text.legend,cex=1.2,pch=c(0,17,3,4),
       col=c("gold","black","red","royalblue2"),bty="n")
text.legend=c("秘鲁")
legend(-77.5,-10.5,legend=text.legend,bty="n",cex=2)
```

附录2 利用 siar 和 spatstat.utils 工具包绘制营养生态位图并计算重叠面积

```
#以本书图 4-9 为例#
library(siar)
library(spatstat.utils)
#设定工作路径#
setwd("~/XXXX")
#设定高清站点图保存路径#
tiff(file = "~/XXXX/图 4-9.tiff",res = 500,width = 4000,height = 4000,compression = "lzw")
rm(list=ls())
my<-read.table("plots_3 areas.txt",sep="\t",header=T)
attach(my)
#绘制散点图#
par(mfrow=c(1,1),mar=c(4,5,1,1),oma=c(3,1,3,1),cex.lab = 2,family="serif",   font.lab=2,cex.axis = 1.5,family="serif",lwd=1.5)
plot(x1,y1,xaxt="n",yaxt="n",xlim=c(-21,15),ylim=c(3,15),
    xlab=expression(paste(delta^,"C/‰")),
    ylab=expression(paste(delta^,"N/‰")),type="p",col="red",pch=19)
axis(1,at=seq(-21,-15,2))
axis(2,at=seq(3,15,3),las=1)
points(x2,y2,col="black",pch=21)
points(x3,y3,col="blue",pch=21)
#绘制营养生态位#
mydata<-read.table("niches_F.txt",sep="\t",header=T)
attach(mydata)
ngroups<-length(unique(group))
ngroups<-length(unique(group))
spx<-split(x,group)
spy<-split(y,group)
SEA<-numeric(ngroups)
SEAc<-numeric(ngroups)
SE <- standard.ellipse(spx[[1]],spy[[1]],steps=1)
SEA[1] <- SE$SEA
SEAc[1] <- SE$SEAc
```

```
lines(SE$xSEAc,SE$ySEAc,col="red",lty=1,lwd=2.5)
SE <- standard.ellipse(spx[[2]],spy[[2]],steps=1)
SEA[2] <- SE$SEA
SEAc[2] <- SE$SEAc
lines(SE$xSEAc,SE$ySEAc,col="black",lty=1,lwd=2.5)
SE <- standard.ellipse(spx[[3]],spy[[3]],steps=1)
SEA[3] <- SE$SEA
SEAc[3] <- SE$SEAc
lines(SE$xSEAc,SE$ySEAc,col="blue",lty=1,lwd=2.5)
#绘制图例#
text.legend=c("CEP","PER","CHI")
legend("bottomright",legend=text.legend,cex=2,lty=c(1,1,1),text.font=c(1,1,1),
       lwd = 3,col = c("red","black","blue"),
       bty="n")
#计算营养生态位面积#
print(cbind(SEAc))
#计算营养生态位重叠面积#
overlap.G1.G2 <- overlap(as.numeric(spx[[2]]),spy[[2]],
                         spx[[3]],spy[[3]],
                         steps = 1)
overlap.G1.G2
dev.off()
```